NENGYUAN TANMI

能源探秘

崔金泰　**主编**

广西科学技术出版社

图书在版编目（CIP）数据

能源探秘 / 崔金泰主编. —南宁：广西科学技术出版社，2012.8（2020.6 重印）

（绘图新世纪少年工程师丛书）

ISBN 978-7-80619-810-0

Ⅰ．①能… Ⅱ．①崔… Ⅲ．①能源—少年读物 Ⅳ．① TK01-49

中国版本图书馆 CIP 数据核字（2012）第 193857 号

绘画新世纪少年工程师丛书

能源探秘

NENGYUAN TANMI

崔金泰　主编

责任编辑 罗煜涛		**封面设计** 叁壹明道	
责任校对 苏兰青		**责任印制** 韦文印	

出 版 人　卢培钊

出版发行　广西科学技术出版社

　　　　　　（南宁市东葛路 66 号　邮政编码 530023）

印　　刷　永清县晔盛亚胶印有限公司

　　　　　　（永清县工业区大良村西部　邮政编码 065600）

开　　本　700mm×950mm　1/16

印　　张　14

字　　数　180 千字

版次印次　2020 年 6 月第 1 版第 5 次

书　　号　ISBN 978-7-80619-810-0

定　　价　28.00 元

序

　　在21世纪，科学技术的竞争、人才的竞争将成为世界各国竞争的焦点。为此，许多国家都把提高全民的科学文化素质作为自己的重要任务。我国党和政府一向重视科普事业，把向全民，特别是向青少年一代普及科学技术、文化知识，作为实施"科教兴国"战略的一个重要组成部分。

　　近几年来，我国的科普图书出版工作呈现一派生机，面向青少年，为培养跨世纪人才服务蔚然成风。这是十分喜人的景象。广西科学技术出版社适应形势的需要，迅速组织开展《绘图新世纪少年工程师丛书》的编写工作，其意义也是不言自明的。

　　青少年是21世纪的主人、祖国的未来，21世纪我国科学技术的宏伟大厦，要靠他们用智慧和双手去建设。通过科普读物，我们不仅要让他们懂得现代科学技术，还要让他们看到更加灿烂的明天；不仅要教给他们一些基础知识，还要培养他们的思维能力、动手能力和创造能力，帮助他们树立正确的科学观、人生观和世界观。《绘图新世纪少年工程师丛书》在通俗地讲科学道理、发展史和未来趋势的同时，还贴近青少年的生活讲了一些实践知识，这是一个很好的思路。相信这对启迪青少年的思维，开发他们的潜在能力会有帮助的。

　　如何把高新技术讲得使青少年能听得懂，对他们有启发，对他们今后的事业有作用，这是一门学问。我希望我们的科普作家、科普编辑和科普美术工作者都来做这个事情，并且通力合作，争取为青少年提供更多内容丰富、图文并茂的科普精品读物。

　　《绘图新世纪少年工程师丛书》的出版，在以生动的形式向青少年读者介绍高新技术知识方面做了一次有益的尝试。我祝这套书的出版获得成功。希望广西科学技术出版社多深入青少年读者，了解他们的意见和要求，争取把这套书出得更好；我也希望我们的青少年读者勤读书、多实践，培养科学兴趣和科学爱好，努力使自己成为21世纪的栋梁之才。

周光召

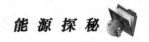

编者的话

《绘图新世纪少年工程师丛书》是广西科学技术出版社开发的一套面向广大少年读者的科普读物。我们中国科普作家协会工交专业委员会受托承担了这套书的组织编写工作。

近几年来，已陆续有不少面向青少年的科普读物问世，其中也有一些是精品。我们要编写的这套书怎样定位，具有什么样的特色，以及把重点放在哪里，都是摆在我们面前的重要问题。我们认为，出版社所提出的这个选题至少有三个重要特色。第一，它是面向青少年读者的，因此我们在书的编写中应尽量选取他们所感兴趣的内容，采用他们所易于接受的形式；第二，这套书是为培养新世纪人才服务的，这就要求有"新"的特色，有时代气息；第三，顾名思义，它应偏重于工程，不仅介绍基础知识，还对一些技术的原理和应用做粗略的描述，力求做到理论联系实际，起到启迪青少年读者智慧，培养创造能力和动手能力的作用。

要使这套书全面达到上述要求，无疑是一项十分艰巨的任务。为了做好这项工作，向青少年读者献上一份健康向上、有丰富知识的精神食粮，我们组织了一批活跃在工交科普战线上的、有丰富创作实践经验的老科普作家，请他们担任本套书各分册的主编。大家先后在一起研讨多次，从讨论本套书的特色、重点，到设定框架和修改定稿，都反复研究、共同切磋。在此基础上形成了共识，并得到出版社的认同。这套书按大学科分类，每个学科出一个分册，每个分册均由5个"篇"组成，即历史篇、名人篇、技术篇、实践篇和未来篇。"历史篇"与"名人篇"介绍各个科技领域的发展历程、趣闻铁事，以及为该学科的发展作出杰出贡献的人物。在这些篇章里，我们可以看到某一个学科或某一项技术从无到有，从幼稚走向成熟的过程，以及蕴含在这个过程里的科学精神、科学思想和科学方

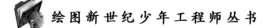

法。这些对于青少年读者都将很有启发。"技术篇"是全书的重点，约占一半的篇幅。在这一篇里，通过许多各自独立又互有联系的篇目，一一介绍该学科所涵盖的一些主要的、有代表性的技术，使读者对此有一个简单的了解。"实践篇"是这套书中富有特色的篇章，它通过一些实例、实验或应用，引导我们的读者走近实践，并增加对高新技术的亲切感。读完这一篇之后，你或许会惊喜地发现，原来高新技术离我们并不遥远。"未来篇"则带有畅想、展望性质，力图通过科学预测，向未来世纪的主人——青少年读者们介绍科技的发展趋势，以达到开阔思路、启发科学想像力和振奋精神的作用。

在这套书中，插图占有相当大的篇幅。这些插图不是为了点缀，也不只是为了渲染科学技术的气氛，更重要的是，通过形象直观的图和青少年读者所喜闻乐见的表现形式去揭示科学技术的内涵，使之与文字互为补充，互相呼应，其中有些图甚至还起到比文字更易于表达意思的作用。应约为本套书设计插图的，大都是有一定知名度的美术设计家和美术编辑。我们对他们的真诚合作表示由衷的感谢。

尽管我们在编写这套书的过程中，不断切磋写作内容和写作技巧，力求使作品趋于完美，但是否成功，还有待读者来检验。我们希望在广大读者及教育界、科技界的朋友们的帮助下，今后再有机会进一步充实和完善这套书的内容，并不断更新其表现形式。愿这套书能陪伴青少年读者度过他们一生中最美好的时光，成为大家亲密的朋友。

这套书从组织编写到正式出版，其间虽几易其稿，几番审读，但仍难免有疏漏和不妥之处，恳请读者批评指正。我们愿与出版单位一起，把这块新开垦出来的绿地耕耘好，使它成为青少年读者流连忘返的乐土。

中国科普作家协会工交专业委员会

目　录

历 史 篇

　　能源和人类息息相关。人类的衣、食、住、行，始终离不开能源。可以说，没有能源便没有人类的一切。人类文明的发展史，实际上也就是人类开发和利用能源的历史。

　　火的发现是人类利用能源的真正开始。早在远古时期的原始社会，我们的祖先就知道用火烤食所猎取的禽兽和鱼虾，利用阳光晒制海盐，用柴草取暖和烧制陶器食具等。后来，在生产实践中又开采煤炭、石油等矿物作为燃料，并利用大自然赐予的水力、风力、地热能和太阳能等各种能源。

　　随着社会的发展和科学技术的进步，人类开始利用生物质能、海洋能等，并将煤炭、石油等转换成电磁能，以便输送和使用。随后，人类又以其聪明智慧敲开了小小"原子王国"神秘的大门，开创了核能利用的新时代。

从钻木取火到热能的利用

火是人类最早利用的自然能源。相传燧人氏发明钻木取火后，人们才开始吃熟食。钻木取火是人类社会的一大进步，它标志着人们已从利用自然界的所谓"天火"（如雷电产生的火）转变到人工取火。人们从实践中知道了摩擦可以产生热，产生出需要的火种。

有了火，人们便用它来烧水煮饭，在冬天还用火来取暖。后来，人们进一步思考、实践，认识到机械能（如用钻头钻木头）既然可以转变成热能，那么反过来热能也能转变成机械能，用来代替人力和畜力的繁重劳动。

实际上，早在公元1世纪左右，希腊发明家赫伦就制作了一种用蒸汽推动的"空心汽动圆球"。这种装置是在一个空心

赫伦发明的空心汽动圆球

圆球中穿一根轴，架在支架上，使空心球能自由旋转。在球的两极位置装有端部弯曲的细管。在球内装满水后，在球的下方烧火，使球内的水加热变成蒸汽。蒸汽从空心球的两极上的弯管喷出时，其反作用力就使圆球旋转。

到1690年，法国人巴本制成了一种能将热能变成机械能的早期蒸汽

机。这种蒸汽机有一个装着活塞的圆筒，筒内盛上水。如果把水烧开，产生的蒸汽就会把活塞推上去；当活塞推到筒顶部时，撤掉烧水的火，随后靠大气压力就把活塞压下来。活塞就这样一上一下，带着井架上的绳子和滑车，把一桶桶水提上来。

赛维利蒸汽机原理图

英国人赛维利于 1698 年对巴本的蒸汽机进行了改进，即在那个兼锅炉和汽缸冷凝器于一身的圆筒中间安上一个阀门。打开阀门时，蒸汽就可以充满汽缸，并将活塞推上去；关上阀门，就能停止供给蒸汽，再用一个水龙头在汽缸上浇冷水，就会使蒸汽冷凝成水，冷缸内压力小了，活塞就被大气压力推下来。这样一上一下就可以把地下水提上来。

瓦特和他发明的蒸汽机

1712 年，英国人纽科门吸取巴本和赛维利的蒸汽机优点，制成了一种新型蒸汽机。它的锅炉和汽缸分别安装。

1763 年 5 月，英国发明家瓦特对纽科门的蒸汽机进行了改进。他将汽

缸中的蒸汽在向上推动活塞后，立即引到另一个小室冷却。这样一来，就使汽缸始终保持加热状态，因而提高了工作效率。瓦特又把原来敞口的汽缸顶部封住，只留下一个汽缸孔。从此，真正的蒸汽机便诞生了。人类对能源的利用，进入了新的历史时期。

由高转筒车到大型水电站

水力是一种洁净的可再生自然能源，自古以来就受到人们的重视。

早在三千多年前，我们的祖先就利用简单的水力机械（如水碾和用一个水轮同时带动两个磨盘的连二水磨）进行农田灌溉和粮食加工。后来，又利用水力向冶金炉鼓风，以铸造农具；用水

我国古代用来鼓风的水排

力转动大纺车进行纺纱等。到了近代，人们主要用水力进行发电，然后将电能输送到各地使用。

我国唐代就创制了一种叫做"高转筒车"的水力提水车。它有一个用木或竹做的大转轮，其直径由几米到几十米。这种转轮用木架竖立在江河的急流里，而水轮外缘安有许多斜放着的竹筒。当水力推动水轮时，竹筒浸入河水中灌满了水；待竹筒刚露出水面时，筒口正好朝上；到竹筒离水后，水轮转动约200度，这时筒口即向下倾斜，将水注入岸上的水槽，然后流入农田中。

我国在元代还制成了一种利用一个

水转大纺车

水轮可同时驱动9个磨盘的水转连磨，用来代替人力、畜力加工粮食，是一种高效率的水力动力机械。

在纺织业中，我国也是应用水力能源最早的国家。元代时，就制成了一种水转大纺车。在纺车的两端各有一个大车轮，中间用皮带轮连接。其右轮架在江河急流中，是动力轮，而左轮是从动轮。皮带轮与铁锭杆相接，并依靠摩擦力带动铁锭杆转动，给锭上的线加捻。这种大纺车有32个纱锭，一昼夜可纺纱线50千克。它比西方制成的水力纺纱机早了4个多世纪。

自从法国科学家富尔内隆在1827年发明第一台水轮机（功率约4.5千瓦）和法拉第发明了发电机后，人们开始用水力来发电，建成了许多水力

水力发电站

新安江水电站

发电站。用水力发电，先要建造水库，将水蓄到一定的高度。然后，使水库里面的水沿着管道直接冲向水轮机，从而带动发电机发出电力。

美国于20世纪30年代初开始，在田纳西河流上建立了几十个水力发电站，不仅改变了这一流域落后的经济面貌，而且也使该地区成为全美国最大的电力供应基地。

我国于1988年在葛洲坝建成了大型水电站，它的21台水轮发电机组的总发电能力达271.5万千瓦，成为我国目前最大的水力发电站。

2009年，我国建成了三峡水电站，它每年可发电约1 000亿千瓦小时，相当于15座装机120万千瓦的火力发电厂和3个年产1 500万吨的煤矿的能量，可说是世界上最大的水电站之一。

从阳燧取火到太阳能电站

我国是世界上最早利用太阳能的国家。早在公元前11世纪的西周时期，就设有专门用青铜镜向太阳取火的职位。

在古书《周礼》中有这样的记载："司烜氏掌夫燧取火于日。"其中"烜"指火，"司烜氏"是指管理火的人，而"夫燧"也叫"阳燧"，是古代取火的器具。"阳燧"实际上是一个磨成凹形的球面镜，能使阳光反射后聚集在一个焦点上。它用青铜铸成。取火时，管理火的人把阳燧对着太阳，让聚焦后的阳光对着干草、木柴等易燃物，就能将它们点燃。

司烜氏用铜镜取天火

可以连续抽水的太阳能水泵

拉瓦锡用透镜聚集阳光燃烧金刚石

公元前214年，古罗马帝国派军舰攻打地中海上的西西里岛。当时，正在岛上的希腊著名学者阿基米德便发动岛上的人，每人手拿一块磨得光亮的金属镜面对着太阳，并一起把阳光反射到入侵的罗马舰队的舰船上，终于使敌舰船起火，罗马人大败而归。

法国工程师德斯科于1615年发明了第一个利用太阳能作动力的抽水泵，但这种水泵不能连续抽水。于是，另一位法国工程师贝利多尔对它进行改进，制成可以连续抽水的太阳能水泵。它的主体是一个空心圆球和与水源相连的管子。抽水前，先把水注入到水泵的空心圆球内。当阳光照射到圆球顶部时，其内的空气被加热膨胀，由于压力增大，水便通过上面的单向阀门（水只出不进）不断地流到上面的贮水槽或农田里。到夜间，空气球内的空气压力降到大气压力以下，水源中的水便在大气压力作用下通过圆球下方的另一个单向阀门（水只进不出）抽到了空心球内。到第二天出太阳时，又循环上述抽水过程。

1776年，法国化学家拉瓦锡曾用聚集的阳光使金刚石燃烧成气体。他将金刚石罩在一个密封的玻璃罩内，让阳光通过两个透镜聚焦在罩内的金刚石上。结果，金刚石变成

中央塔

反射镜

太阳能电站

了一股无色的烟消失了。拉瓦锡还用这种实验装置将熔点高达1773℃的铂熔化了。

随着科学技术的发展，人们开始将太阳能用于发电上。1980年12月，欧洲共同体的9个国家在意大利西西里岛上联合建成了一座太阳能发电站。这座电站共采用180面大玻璃镜，并用电子计算机控制和调整这些镜面的角度，使它们反射出去的光都集中在高55米的中央塔上，塔顶装有锅炉和阳光接收器，可将锅炉内的水加热到500℃，使水变成高压蒸汽，用它推动汽轮发电机组发电。电站的发电能力达1000千瓦。

美国于1984年在洛杉矶建成大型太阳能发电站，发电功率达13800千瓦。

"燃烧的水"——石油

早在我国西周时期，人们就已观察到石油浮出水面燃烧的现象。古书《易经》上就有"泽中有火"的记载，意思是沼泽水面出现着火的奇特现象。

燃烧的水

到了汉代，人们把石油叫做"燃烧的水"或"石漆"。在《汉书·地理志》和《汉书·郡国志》中分别记载着高奴（今陕西延长一带）有一种可以燃烧的水，即"洧（wěi）水可燃"；而在甘肃酒泉一带发现一种黏稠的像肉汤一样的水，点燃后可以引发很大的火，当时人们用它漆木器，所以称为"石漆"。

后来，人们根据石油常从石头缝中流出来的现

我国在 16 世纪开凿的石油竖井

用石油油漆木器

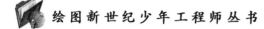
用石油作为火攻武器

象，又称它为"石脂水"。由于它燃烧时浓烟滚滚，伴随着一股股硫磺气味，所以也有人称它为"雄黄油"。宋代时，我国著名科学家沈括在陕北延长旅居中也发现了这种能燃烧的水，就给它取名"石油"，并记载在他所著的《梦溪笔谈》一书中。这样，"石油"这一名称才正式出现，其后一直沿用至今。

在我国古代，主要是用石油燃烧时产生的烟灰制作墨，或者以石油中的黑色沥青来涂刷房屋预防渗水，也有用石油点灯照明的。南北朝时，人们开始在战争中用石油做火攻武器。例如，公元578年突厥军队包围甘肃酒泉城，酒泉守兵将石油洒在草把上点燃后投向攻城的突厥兵，冲天大火烧毁了攻城用的云梯和敌兵，保住了城池。

13世纪末期，我国已在陕西延长一带开采石油。当时开采的石油，多用作燃料和点灯照明，也兼治六畜疥癣。公元1521年，人们在四川嘉州（今乐山）开凿盐井时穿入含油地层，结果凿成了一口深度达几百米的石油竖井，用开采的石油作为熬盐的燃料。

西方国家在石油开采方面比我国晚了约5个多世纪。那是公元1859年，美国人埃德温·德雷克在宾夕法尼亚州的泰特斯维尔钻出第一口石油井，从而开创了石油开采应用的新时代。

中国西部油气田

风的身世与风力发电

风能是一种自然能源，也是人类最早使用的动力资源之一。

风车玩具和帆船

17世纪时，意大利佛罗伦萨市的技师们制造了一台抽水机，要用它抽出深矿坑里的水。但是，抽水时水在离井底约10米高的地方就不再上升了。技师们请科学家伽利略帮助解决这一问题。伽利略认为，这是由于空气压力不够大引起的，即当地面上单位面积上空气产生的压力等于抽水机唧筒里单位面积上水柱的重量时，水就不再上升。伽利略的这种看法当时没有用实验证实，因为他不久就去世了。

后来，伽利略的学生托里拆利用一根长1米的玻璃管进行实验。他将管子一端密封住，往管里装满水银，然后用大拇指按住管口倒立在一个水银槽中。当手指放开后，管里的水银下降了，但降到760毫米高的地方后就不再下降。这是因为此时管内的压力和管外的大气压力相等了。

这个实验证明了伽里略的判断是正确的，即空气具有一定压力，其大小在地面上等于760毫米水银柱，而压力会随空气的膨胀、收缩而降低、升高。实际的情况正是这样：地球表面受阳光

新疆达坂城风力发电厂

照射的程度不同，光照强的地方如赤道，温度高，空气膨胀，密度小，空气压力就较小；而地球两极等地方，温度低，空气收缩，密度大，因而空气压力就较大。于是，空气便从压力大的地方向压力小的地方流动，结果就产生了风。

明代郑和率帆船队七下西洋

对于风能，早在两千多年前我国就已利用它驱动帆船航行。明代时，开始应用风力水车灌溉农田，并出现了用于农副产品加工的风力机械，如风磨、风车等。在国外，10世纪时波斯（今伊朗）就已经使用水平转动的风磨。12世纪的欧洲，也出现了用于抽水和碾磨谷物的风车。1492年，哥伦布正是驾驶帆船横渡大西洋，发现了美洲。

风力发电

人类利用风力发电，始于19世纪末。到1910年，丹麦已有数百个容量为5～25千瓦的风力电站。目前世界上最大的风力发电站建造在美国夏威夷，其发电能力为3 200千瓦，螺旋桨式风轮机直径达97.5米。

我国于1957年开始研究风力发电。1958年，在吉林、安徽、辽宁和新疆兴建了一批功率在10千瓦以下的中小型风力电站。1977年在浙江泗礁岛上装设了一台18千瓦的风力发电机组。目前我国风力发电装机容量为20万千瓦左右，正在研制生产55千瓦、120千瓦、200千瓦、600千瓦的风力发电机。

欧洲中世纪风车

由采煤到煤的地下气化

人类用煤的历史始于用火之后的远古时代。

早在两千多年前的春秋战国时期写成的我国地理名著《山海经·西山经》《山海经·中山经》中，就有"女床之山，其阳多赤铜，其阴鑫石涅""女几之山，其上多石涅"和"风雨之山，其上多白金，其下多石涅"的记述。这里多次提到的石涅，就是我们现在所熟悉的煤炭。由此可见，我国发现和使用煤是很早的。

用"石炭"作为燃料

据史书记载，至迟在西周我国已能采煤并以煤作燃料。考古学家曾在河南巩县汉代冶铁遗址发现了煤块，而且还有煤饼。西汉时，出现了我国用煤史上第一个繁荣时期。当时，人们把煤称为"石炭"。到了唐宋时期，用煤更为普遍，已是"汴京数百万家，尽仰石炭，无一家燃薪者"。

元代初期，意大利旅行家马可·波罗到中国旅游。他在各地看到人们用一

人力井下采煤

种"黑乎乎"的石头烧火做饭，而且还用它来炼铁，感到很新奇。于是，就将这种黑石头带回欧洲。由于当时欧洲人以木炭作燃料，不知道这种黑石头为何物，马可·波罗在他写的《马可·波罗游记》一书中，便专门介绍了这种中国"黑石头"在炼铁时的用法。后来，欧洲直到 16 世纪才开始用煤炼铁，比我国晚了约一千多年。

用高压水采煤

最初人们开采煤时，都是先开采露在地面上的矿苗，然后一层层地往下挖。当时采煤是用铁锹铲刨，采出的煤用竹筐等容器弯着腰往外背运，劳动非常艰苦。后来到 19 世纪中期，英国的矿井内开始使用带轮的矿车拉煤。1868 年，开始在煤矿井下铺上铁轨，将矿车放在铁轨上向前推，从而提高了采挖煤的工作效率。

到 19 世纪 30 年代，开始采用"炮采"的方法来挖煤，即先用风镐或电钻在煤壁上钻出深孔，然后装上火药放炮，将煤块崩落下来。这种方法虽然比用锹挖煤前进了一大步，但生产效率还是很低。于是，到 50 年代便出现了机械化采煤。这时的采煤机不仅能自动采煤，而且能进行装运，使生产量大大提高。随后又出现了一种用高压水采煤的方法，叫做水力采煤。它是用高压水泵将水压升高，然后将高压水从管口喷出，冲击在煤层上，将煤冲落下来，这样不仅降低了采煤成本，而且更为安全。

进入 20 世纪 70 年代，前苏联、美国、英国等开始采用更为先进的煤的地下气化方法，把煤在地下直接进行气化，然后把气化的煤引出到地面上。它比采煤要省事多了，而且投资也很低，更充分利用了煤炭资源和提高生产效率，因而受到世界各国的普遍重视。

机械化采煤

从"冒烟的海湾"到人造热泉

公元 9 世纪，北欧斯堪的那维亚人乘船驶近现在的冰岛时，他们远远就看到这一带海湾沿岸升起了缕缕炊烟，以为那里一定有人居住。于是，他们就把这个地方叫做"雷克雅未克"，意思即"冒烟的海湾"。然而，当他们上

"冒烟的海湾"

岸后一看，这里根本没有什么村落、农舍的炊烟，而只是有许多热气腾腾的温泉在不断地喷出水柱。从此，"雷克雅未克"的美名就流传下来，一直沿用至今，并被冰岛共和国定为首都。

冰岛的确是个宝地，到处都有热泉、温泉、蒸汽泉和间歇泉。这里的人不仅用温泉洗浴、建造种菜的温室，而且还用热泉、蒸汽泉取暖和发电。

地热是蕴藏在地层内的各种温泉、热泉、火山岩浆中的热能。人类对于地热的认识和利用是比较早的。我国东汉时的著名天文学家张衡（78—139）的著作中就有关于温泉水能治病、疗养的记载。此外，我们的祖先很早就利用温泉的热水进行洗浴、取暖等

用温泉水洗浴

地热作为能源被利用是从1904年开始的。当时意大利人拉德瑞罗创建了世界上第一座地热蒸汽发电站。

20世纪60年代以来，由于石油、煤炭等能源的大量消耗，美国、新西兰和意大利等

拉德瑞罗创建的地热发电站

国开始重视地热利用，相继建成了一批地热电站。

我国是一个地热储量很丰富的国家，仅温度在100℃以下天然出露的地热泉就达3 500多处。在西藏、云南和台湾等地，还有许多温度超过150℃以上的高温地热资源。例如西藏羊八井的地热井口平均温度为140℃，已建成我国最大的地热电站，发电装机容量为1.3万千瓦。

地热在世界各地的分布是较广泛的。美国阿拉斯加的"万烟谷"是世界上闻名的地热集中地，在24平方千米的范围内，有数万个天然蒸汽和热水的喷孔，喷出的热水和蒸汽最低温度为97℃，高温蒸汽达645℃，每秒喷出2 300万公升的热水和蒸汽，每年从地球内部带往地面的热能相当于600万吨标准煤。新西兰有近70个地热田和1 000多个温泉，有的温度高达200～300℃。

由于天然热泉较少，而且不是各地都有的，因而在一些没有天然热泉的地区，人们就利用广泛分布的地下炽热的岩石层中的热能（因为它不含水和蒸汽，所以叫干热岩型地热能），以人工造出地下热泉来。

人造热泉活动于20世纪70年代首先从美国开始。世界上第一眼人造地热泉于1978年在美国开凿成功。这眼人造热泉每小时可回收约150℃的热水20吨，获热能2 300千瓦。后来，许多国家都先后建成了人造热泉。美国建造的人造热泉热电厂，其发电量为5万千瓦。

西藏羊八井地热电站

天然气的发现与应用

天然气和石油常常埋藏在一起，气轻在上面，油重在下面，形影不离，犹如能源家族中的一对孪生兄弟。人们在开采石油时常常先得到气，后得到油。

然而，天然气和石油各自形成时参与分解活动的细菌是不一样的。形成天然气的细菌叫做厌氧菌，而分解

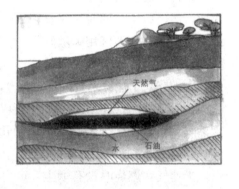

成石油的则是硫磺菌和石油菌。因此，天然气和石油的组成成分不同：天然气的主要成分是甲烷，而石油则主要是由碳、氢等元素组成的脂环和脂肪族等有机物。

我国是最早发现和应用天然气的国家。早在一千多年前的汉代，我国四川地区在开凿盐井时就发现井中有气体冒出，可以点火。盐工们把这种井称为"火井"，其实它就是天然气井。

据《后汉书·郡国志》记载：在四川临邛有天然气井，可用火点燃使它出火。点燃后不久，就会听到像雷一样的响声，顿时火光冲天，十里外都看得见。这种天

中国海上油气井

然气燃烧时不产生炭灰。用天然气制盐，十斗（即一斛）盐水可熬出四五斗盐，而用普通炭火煮盐，十斗盐水熬出的盐只有二三斗（一斗等于 10 升）。这说明在当时我国已经有了世界上最早的天然气井，而且天然气火力强，煮盐出产率高。

诸葛亮察看天然气煮盐情况

宋代刘敬叔著的《异苑》一书中，还记载了三国时蜀汉丞相诸葛亮察看临邛地区用天然气煮盐的情况。当时用天然气制盐盛行，大大节约了盐民采薪运炭的劳力，并提高了盐的产量。

公元 16 世纪初，我国在四川打成了世界上第一口油井，并获得大量的天然气。而国外直到 19 世纪才开始开采石油和天然气，落后于我国一千多年。

天然气在燃烧时没有烟尘，产生的一氧化碳、氮氧化物也较少，因而对环境污染较小。与煤炭等固体燃料相比，天然气燃烧得更完全，而且可通过管道输送；同石油相比，天然气容易开采和加工，基本上与煤炭一样可以直接使用，因而生产成本低。因此，天然气比煤炭、石油的用途要广泛得多，90％以上需要用能源的地方都可以用天然气。

目前，天然气已广泛用作发电燃料，并将发电过程中产生的废热提供工厂生产和居民取暖使用。20 世纪 90 年代以来，英、美等国新建的电

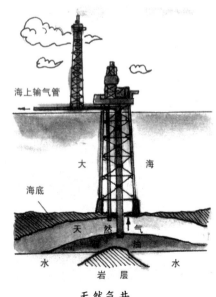

天然气井

厂、天然气发电厂占据着主导地位。另外，天然气也可作为汽车燃料。烧天然气的汽车排出的废气较干净，不会堵塞发动机，对大气污染也较小。

天然气汽车

燃料电池的问世和发展

燃料电池是把燃料所具有的化学能连续而直接地转变成电能的装置，其发电效率比火力发电还要高，而且它既能发电又可供热，因而被人们称为"新型发电机"。

1790 年，英国化学家尼科尔森设计了一个伏打电池堆。当他将连接电池堆两端的导线放在水里通过电流时，发现导线的两端有气泡逸出。通过分析知道，这两端逸出的气泡分别是氧气和氢气。于是，他发现水在电流作用

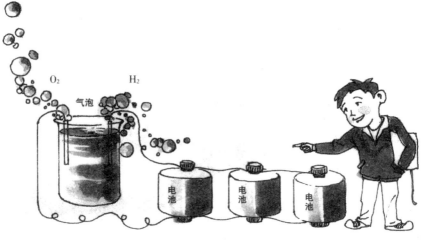

尼科尔森的实验

下被分解为氧和氢两种元素。

尼科尔森的这个实验，启发了美国科学家格罗夫，他想：既然水能在电解中被分解成氧和氢，那么反过来，氢和氧进行化学反应时是否也会产生电呢？

格罗夫于 1842 年做了这样的实验：将封有铂黑电极的玻璃管浸在稀硫酸中，

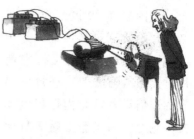

培根用电池使电锯旋转

先接通电池由电解产生氢和氧，接着连接外部负载，结果氢和氧就发生化学反应，产生了电流（通过电流计可测出）。这个实验证实了格罗夫的推测，也表明用氢、氧作燃料发电的可能性。

20 世纪 30 年代，由于电力供应不能满足人们的需发，而建造发电站又需要大量投资和时间，英国化学家培根便想起了格罗夫的实验和推论。他想，这种实验产生的电流虽然很微弱，但若将电池组加大，电流不就可以增大了吗？于是，他设计了一个较大的电池组，每个电池都有两个用镍粉压制的多孔平板做成的电极。将电极插在 40％浓度的氢氧化钾溶液中，并在高温和高压下输入氢气和氧气，结果获得了 54 瓦 24 伏的电流。培根利用这股电流推动一把圆形电锯旋转，获得了初步成功。

培根应用工程原理设计和建造的多级燃料电池为现代燃料电池的问世打下了基础。到了 1958 年，燃料电池终于研制成功。

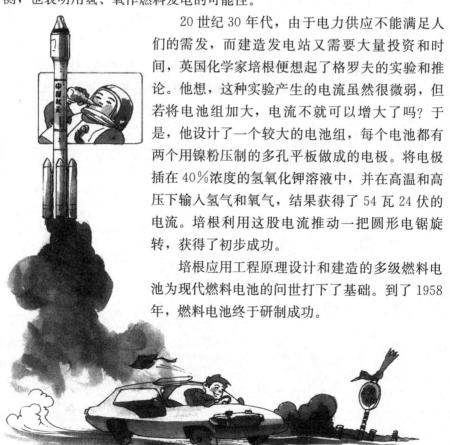

美国早在 20 世纪 50 年代初就开始研制燃料电池，并于 60 年代首次在太空飞行中使用。美国"阿波罗"登月飞船上的通信设备就是由燃料电池提供电力，而飞船上航天员饮用的水，就是燃料电池的生成物——氧和氢在燃烧中化合生成的纯净水。1986 年，美国开始大规模生产标准燃料电池，从而使一些住宅区和商业区用上 40 千瓦的燃料电池。由于燃料电池结构简单，使用维修方便，又不污染环境，因此很受用户欢迎。

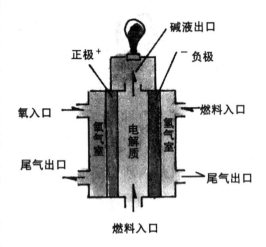

燃料电池更为诱人的前景，是为未来的电动汽车提供动力。

气泡

硫酸 铁块

卡文迪许在实验中发现了氢

氢能的崛起

氢不仅是宇宙中含量最丰富的元素，而且燃烧后只产生水，不污染环境。更为独特的是水经过分解又可生产出氢，因而氢可以说是一种取用不尽的理想能源。

虽然氢在二百多年前就已被人们发现，但是直到 20 世纪 50 年代它才正式登上了能源舞台。

1766 年，英国科学家卡文迪许在分析铁和硫酸反应放出的气泡中发现了氢，并因此获得英国皇家学会的柯普莱奖。当时，他收集铁和稀硫酸反应中放出的气体进行分析，惊异地发现这种气体是一种与空气完全不同的气体，而且容易燃烧，因而将这种气体叫做"可燃烧的气体"。

此后，卡文迪许继续对这种新发现的气体进行分析试验。他进一步发现这种气体与一定

体积的空气混合后，一点火就会爆炸。同时，还偶尔发现在爆炸后的器具上有小水珠。原以为这些小水珠是器具上本来就有的，但经过大量重复试验后，卡文迪许断定这些小水珠是"可燃烧的气体"在燃烧过程中产生的。后来，法国化学家拉瓦锡也做过类似的试验，并把所获得的可燃气体命名为"氢"（即"生成水"的意思）。此后，这个名字便一直沿用下来。

氢老兄，你的脾气太暴躁，充气球还得靠我!

19世纪飞艇出现后，人们用氢气充入飞艇，产生升力，但由于氢容易燃烧爆炸，所以后来就改用氦气充填飞艇了。

直到1958年，氢的可燃性才受到人们的注意，并开始作为能源使用。当时，美国太空总署已开始将氢作为火箭推进剂进行试验研究，并引起世界各国的注意。

20世纪70年代初的石油危机出现后，作为替代石油、煤炭等能源的氢能，便备受人们的重视。1976年5月，美国首先研制成功了烧氢气的汽车。接着，日本也研制成以液态氢为燃料的汽车。前联邦德国制成的氢气汽车，仅用了5千克氢就行驶了110千米，说明氢燃烧时所产生的能量比汽油高多了。

由于氢是一种高效燃料，每千克氢燃烧所产生的能量是同样重量汽油的 2.8 倍，因而以氢做燃料的汽车比汽油汽车的燃料利用率可提高 20%。更引人注目的是，氢燃烧后主要生成水，除极少量的氮氧化物外，完全不会排放一氧化碳、二氧化碳和二氧化硫等污染环境的有害物质。因此，人们将氢燃料汽车称为环保型的绿色汽车，并作为未来汽车主要发展的趋向之一。

目前，世界上美、日、德、加、澳等许多发达国家都在积极进行制氢、储氢技术的研究开发，同时还研制各种专门用氢和掺氢燃油的汽车。

氢气在一定压力和低温下很容易变成液体，而这种液体氢可用做飞机、导弹和火箭的燃料。美国用液态氢做燃料的 B－57 轰炸机已成功地进行了飞行试验。美国飞往月球的"阿波罗"宇宙飞船，也采用液态氢做燃料……

由于氢的发热值高，燃烧速度快，不污染环境，便于储存和运输，来源又很广，因而氢将成为 21 世纪的理想能源。

敲开"原子王国"神秘的大门

小小原子连肉眼也难以看到，然而在原子核内却蕴藏着令人惊奇的巨大能量。自古以来，人们在向大自然宣战的过程中坚持不懈地探索着这一微小世界的奥秘。

早在春秋战国时期，我国古代学者庄子就提出了物质无限可分的观点。他说："一尺之槌，日取其半，万世不竭。"

公元前 4 世纪，古希腊学者德谟克利特首先提出"原子"的概念，不过他认为这是一种不能再分割的质点。

德谟克利特

1895 年 11 月，德国物理学家伦琴发现了轰动当时世界的 X 射线。这是微小的原子世界透射出的一缕光芒，为人们深入观察原子及其运动打开了一个"窗口"。

紧接着，法国物理学家贝克勒尔于第二年（1896年）在实验中发现轴的天然放射性现象。这种现象表明，某些元素之所以能自发地放出射线，是因为构成这些元素的原子本身结构发生了变化。贝克勒尔的发现，开始动摇了"原子不可分割"的陈旧观念，因而被人们誉为原子科学发展的第一个重大发现。

贝克勒尔通过底片上的钥匙影像发现了铀的放射性

1897年，英国物理学家汤姆逊在利用电场和磁场测量带电粒子流的偏转时，发现了比原子更小的"微粒"，后称"电子"。这一发现，直接证明了原子不是不可分割的物质最小单位，电子就是原子内的一个重要成员。

卢瑟福和他的原子西瓜模型

既然在原子内有电子存在，那么电子在原子内占有何等位置，原子内有什么秘密，人们都想尽快地知道。正是在这种情况下，1911 年英国物理学家卢瑟福在测定由他发现的 α 射线性质时，证实了原子核的存在，从而建立了西瓜形的原子核模型。此外，他还成功地预见了原子核内有中子存在。

1932 年，英国物理学家查德威克发现了中子。接着，前苏联的伊凡宁柯和德国的海森伯先后提出了原子核是由质子和中子组成的模型，从而建立了完整的原子核结构理论。

伦琴由夫人留在底片上的手骨像发现了 X 射线

1938 年，伊莱娜·居里（居里夫人的女儿）等用中子轰击铀原子核发现了一种新的放射性元素。德国化学家哈恩等人受到启发，也重复做了用中子轰击铀原子核的核反应实验。结果，他们获得的核反应生成物并不是和铀靠近的元素，而是和铀相隔很远、原子核比铀轻得多的钡。他们对此感到莫明其妙，无法解释。于是，他们向奥地利女物理学家迈特纳请教。迈特纳对哈恩的实验很感兴趣。迈特纳

迈特纳在进行计算

提出，对于这种现象，惟一的解释是：在核反应过程中发生了质量亏损。那么，如何去解释所发生的亏损现象呢？迈特纳认为，这个质量亏损的数值正相当于反应所放出的能。于是，她又根据爱因斯坦的质能关系式算出了每个铀原子核裂变时会放出的能量。接着，有的科学家在做用中子轰击铀核的实验时，完全证实了迈特纳的计算结果……

这样，人类终于在 20 世纪 30 年代敲开了原子王国神秘的大门，从而开创了核能利用的新时代。

名 人 篇

　　人类开发利用能源经历了漫长的历程。在这一历史进程中，许多先驱者对能源的开发利用作出了开创性的贡献。

　　我国是世界上最早发现石油的国家。宋代科学家沈括是世界上第一个为"石油"命名的人。

　　18 世纪，英国人詹姆斯·瓦特发明了蒸汽机，人们才第一次把蕴藏在煤炭、石油中的能量变为动力（即机械能）。

　　19 世纪中叶，英国科学家法拉第相继发明了发电机和电动机，实现了机械能转化成电能和电能转化成机械能。

　　在现代能源开发和利用的过程中，中外许多学者和科学家付出了辛勤的汗水和心血。他们有的在极其困难的条件下一次次地试验研究；有的冒着受伤害的危险，历时数年从几十吨矿渣中提炼出不到 1 克的放射性物质，发现了新元素；有的放弃优裕的生活而返回祖国，为开发油田创建了新的理论体系；有的推导出质能关系式，使人类得以敲开"原子王国"的大门……

　　他们犹如天幕上群星中最明亮的星星，永远熠熠生辉。历史将永远记住他们。

善于动脑筋的发明家——瓦特

　　蒸汽机的出现，开创了热能利用的新时代，促进了社会生产力的迅速发展。蒸汽机的发明者，就是英国著名发明家瓦特（1736—1819）。

瓦特看到水烧开了……

　　曾经流传着这样的故事：瓦特小时候很聪明，他看到水烧开后，冲力很大的蒸汽竟将水壶盖顶掉了，由此联想到利用蒸汽的力量来开动机器，导致后来发明了蒸汽机。这一传说不一定真实，但说明了瓦特从小就善于动脑筋思考和大胆设想。

　　瓦特出生于造船工人家庭。年轻时，他就喜欢摆弄机械。18 岁时当学徒，学习修理机械仪器。21 岁时瓦特到格拉斯哥大学担任修理教学仪器工作。他经常和学生讨论机械问题，并逐渐开始钻研蒸汽机。

　　1763 年，由于瓦特修理机械的技艺高超，安德森教授委托他修理纽科门蒸汽机样机。在修理中，瓦特发现这种蒸汽机有不少缺点，主要是浪费燃料和时间。这是

改进纽科门蒸汽机

因为它工作时先将蒸汽送入汽缸，依靠蒸汽力把活塞推向上方，然后把冷水注入汽缸内使其中的蒸汽冷凝，从而产

生真空，活塞便在大气压力作用下返回下方。这就是说，它仅有的一个汽缸既要加热又要冷却，不仅使加热了的蒸汽不能充分利用，而且白白浪费掉了为加热水所用的煤炭和时间。

瓦特想：难道就不能避免这些浪费吗？

一个晴朗的星期日，瓦特在格拉斯哥的牧场上散步，但

瓦特发明的蒸汽机

脑海里还在想着如何改进蒸汽机。这时，他突然产生了一个美好的想法：汽缸中的热蒸汽在向上推动活塞后，再将它引向另外一个小室进行冷却。这样，同一个汽缸就不需要既加热又冷却了，而是始终保持加热状态，从而节省了燃料和时间。

瓦特高兴地跳了起来，并随即回去做实验，结果证实了他的设想。瓦特把另外冷却蒸汽的小室叫做冷凝器。

此后，瓦特又对蒸汽机进行了进一步改进，即将敞开式的汽缸端部封堵住，留下通过活塞的缸孔，以便用蒸汽压力代替大气压力将活塞向下推。显然，推动活塞向下的蒸汽压力要比原来的大气压力大得多，因而蒸汽机输出的动力就比纽科门蒸汽机强多了。

在此基础上，瓦特又花费了3年多心血进行钻研改进，终于在1768年制成了他的第一台蒸汽机样机，并于1769年取得了专利。当时这种蒸汽机主要用来带动排水泵和送风机，主要供矿井使用。而肯动脑筋的瓦特认为蒸汽机完全可以派作其他用场，如用来驱动纺织机等，以减轻工人体力

瓦特和蒸汽机车

劳动。但当时所有的蒸汽机都是只有活塞抬起时才做功，这对汲水机械虽然有利，但对纺织机械却不适用。瓦特便对蒸汽机动"手术"，他巧妙地利用曲柄装置向活塞的两端输送高压蒸汽，使活塞在抬起或压下时都能做功，从而使蒸汽机在纺织机械中大显身手，而且成为适用于各种工业生产机械的"万能"发动机。

随着研制的进一步深入，瓦特又发明了向活塞两端送汽，使活塞往复运动的新式蒸汽机；接着，又研制成使往复运动转变成旋转运动的曲柄装置。至此，世界上第一台真正实用的蒸汽机才正式诞生，瓦特为此于1783年获得了专利。

瓦特改进蒸汽机的发明，对工业革命起了重大作用。1785年他被选为伦敦皇家学会会员，1814年又被选为法兰西科学院外国院士。后人为了纪念他，将功率的单位以他的姓氏W（瓦特）来命名。

我国古代博学多才的科学家沈括

　　沈括（1031—1095）是钱塘（今浙江杭州）人，出生在一个封建官僚家庭，父亲沈周在福建泉州、江宁（江苏南京）等地做过官。他从小跟随父亲到过很多地方，因而对人民群众的疾苦和当时的社会情况有着广泛的接触和了解。他24岁时，当了沭阳（江苏沭阳县）的主簿，一上任便亲自勘察，主持修浚沭阳境内的沭水，开"百渠九堰"，"得上田七千顷"（70万亩），并在实践中创造了分层筑堰的水利测量法。

　　沈括热爱科学，用功极勤，涉猎极广。他对数学、物理、天文、地理、化学、生物、地质、药物、医学，以及文学、文字、考古、历史、音乐、美术均有研究，并在许多方面都有自己的创见。他渊博的学识，使他成为古代少有的通才。

　　沈括的科学造诣极深。在数学方面，他创立了"隙积术"（二阶等差积数求和法）和"会圆术"（已知圆的直径和弓形

主持修建水渠和堤堰

的高，求弓形的弦长和弧长的方法）；在物理学方面，他勤于观察、试验，对声学、光学、磁学颇有研究；他精通音律，用纸人做实验，发现声音的共振，是他的一大发明；他还研究针孔成像、凹凸面镜成像规律，对焦点、焦距、正像、倒像等问题作出阐述。

指南针是我国古代的伟大发明之一，沈括利用这种磁针在世界上第一个发现了地磁偏角，比哥伦布于 1492 年发现地磁偏角早约 400 年。当时，他用一根丝线将指南针悬吊起来，使它既灵敏，又不容易掉落。在试验中他发现，指南针所指的"南"常常稍微偏东，沈括认为这就是地磁偏角影响的缘故。

用指南针试验

沈括常到全国各地去研究考察。有一次在陕西延安一带考察，他发现当地居民用一种黏稠的河水点灯，这种水烧起来冒浓烟，而且气味很臭。沈括对这种可燃烧的黏而黑的河水研究后认为，

以石油浓烟制墨

这不是普通的河水，而是"生于地中无穷"的石油。他还巧妙地把石油浓烟中的烟炱（tái）收集起来制墨。用这种墨写成的字黑而亮，字迹非常清楚。

公元 1088 年，沈括在江苏镇江郊区购置田园，取名梦溪园，并在园中全力从事著述，就自己平生所见所闻和研究所得写成《梦溪笔谈》一书。在这部综

编著《梦溪笔谈》

合性的科技著作中，他不仅提出了"石油"这样一个确切的名称，而且还详细地讲述了石油的产地、性能和特点，成为历史上第一个为石油命名的人。《梦溪笔谈》一书，由于内容丰富、见解独到、资料翔实、具有科学价值，被英国著名科学史家李约瑟称誉为"中国科学史上的坐标"。

拉瓦锡巧用太阳能

18世纪中叶，英国科学家普利斯特里利用透镜进行化学元素分析实验。他将一块直径为12英寸（1英寸＝2.54厘米）、焦距20英寸的凸透镜聚集的阳光，照射在被燃烧过的水银煅灰上，结果看到这种粉红色的粉末在轻轻颤动，显然是有气体分解出来了。他发现这种气体能使蜡烛燃烧得更加明亮，也能使装载有这种气体的密闭瓶子里的小白鼠活得很自在。他亲自吸了一口这种气体，竟也感到十分轻松舒畅。他把这种分离出来的神奇气体叫做"脱燃素气体"。

法国化学家拉瓦锡（1743—1794）与普利斯特里是同时代的科学家。他对普利斯特里利用凸透镜聚集阳光的实验方法很感兴趣。于是，自己又重复做了这个实验，从而发现从水银煅灰中分解出的气体就是帮助燃烧的氧气，而不是什么"脱燃素气体"。拉瓦锡通过这一实验获得了发现氧的荣誉（虽然是普利斯特里首先制取出氧），并且通过这一实验有力地驳斥了1673年英国著名化学家波义耳等用"燃素说"来解释燃烧现象的理论，将燃烧现象正确地解释为是一种氧化过程。

拉瓦锡向普利斯特里学习凸透镜试验

拉瓦锡利用透镜聚集阳光获得上

述成果后，并没有止步不前，而是对利用
太阳能实验更感兴趣了。1776年，他又用
一套大型透镜装置进行实验。这一实验是
重复17世纪时意大利佛罗伦萨科学院一些
院士所做的实验。1694年，这些意大利的
院士们用凸透镜（那时叫"取火镜"）把阳
光聚集在金刚石上，想看看它会出现什么
变化。结果，金刚石渐渐被烧红，体积缩
小，但它不像一般的矿石那样被高温所熔
化，而是化作一股无色的轻烟消失了。

这是氧气，
不是脱燃素气体

拉瓦锡在做实验时，将金刚石罩在一个密封的玻璃钟罩里，让阳光通
过两个透镜聚焦在钟罩里的金刚石上，金刚石被烧成一股无色的烟，也就
是变成了无色的气体。他随即将钟罩里的气体收集起来，然后通入到清石
灰水中，结果石灰水变得像牛奶一样浑浊。这一方面显示了阳光经透镜聚
焦后温度是很高的，竟能将硬度极高的金刚石熔化并变成气体；另一方面
也证明了金刚石是由碳元素组成的，它在阳光聚焦的高温下燃烧并变成二
氧化碳气体，而二氧化碳气体通入清石灰水中，便形成白色的沉淀物碳酸
钙，使清石灰水变得浑浊了。这和木炭燃烧后产生的气体通入清石灰水中
使水变浑浊的结果一样。

也正是由于拉瓦锡巧用阳光进行金刚石燃烧实验，使他正确地认识了
碳，并首先将碳作为一种元素列入元素
表。这也是他对化学发展的重要贡献
之一。

后来，拉瓦锡又相继利用透镜聚集
阳光所产生的高温对金属进行照射实验，
结果将各种不同熔点的金属都熔化了，
其中包括熔点高达1 773℃的铂金属。这
为太阳能在冶炼金属方面的应用和太阳
能高温炉的建造开辟了新的途径。

用凸透镜聚集阳光燃烧金刚石

法拉第的杰出功绩

英国科学家法拉第（1791—1867）最早发现了电磁感应原理，研制成世界上第一台能连续供电的发电机，而且早在 1846 年他就预见性地提出，电和磁的交替转化是变化着的电磁波，并且它是以光波速度传播的论断，对人类利用电磁能作出了杰出的贡献。

法拉第

法拉第是伦敦郊区一个贫民的儿子，没有进过正规学校，少年时在装订厂当小工，这使他有机会阅读到大量的科学书籍。当时，伦敦经常举办一些科学演讲会，法拉第得到厂主的允许，常去演讲会听课。他听讲时非常认真专注，并把讲课内容记在笔记本上，将实验方法和所用的仪器绘成图，装订成 4 大本，而且还拿给厂主看。厂主是个懂学问的人，他为法拉第的勤奋

给戴维写信

好学的精神所感动。有位学者听厂主说到这件事，就邀法拉第去听当时著名的科学家戴维的讲座。

听了戴维的精彩演讲后，法拉第鼓起勇气给戴维写了一封信，述说自己对从事科学研究工作的向往。没想到戴维很快回信，同意录用法拉第做他的助手兼研究所的差役。

做电力使磁针偏转实验

当时，丹麦的奥斯特发现了电的磁力作用，即电流通过导线会使旁边的磁针偏转。法拉第对此很感兴趣，就动手进行实验研究。

起初，他针对电磁力作用现象研究磁针摆动幅度的大小。为此，他把水银倒入容器中，把小磁铁放在水银液面上（水银的密度大，小磁铁可以浮起来），并使磁铁的一端刚好露出水银液面，然后将导线通过水银而固定起来，使它不能转动，再使电流通过导线。这时，他发现小磁铁竟不断地绕着导线转动起来。这就是法拉第的电磁回转实验。

法拉第在日记上画的由磁力感应电流的草图

法拉第对这个实验进行深入的思考，他想：既然用电流能产生磁力，那么用磁力是否也能产生电流呢？于是，他便通过实验来验证自己的想法。

法拉第进行了多次实验，终于在1831年发现了电磁感应原理：在有电

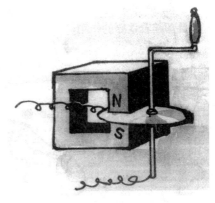

法拉第发明的发电机示意图

流通过电磁铁的线圈时，放置在电磁铁旁的导线就有电流产生。这是因为电磁铁线圈有电流流过时，电磁铁的磁力发生了变化，即磁力的变化感生

出了电流。

在电磁感应原理的基础上，法拉第成功地研制出最早的发电机。他用两个线圈做互感实验的原理，后来被应用而发明了输电变压器。

法拉第的一生致力于电磁学研究，获得了大量的研究成果，被人们赞誉为"电学之父"。

爱因斯坦和质能关系式

爱因斯坦（1879—1955）是美籍德国物理学家，也是 20 世纪最伟大的科学家之一。他出生在德国一个犹太人家庭，1901 年毕业于瑞士苏黎世高等工业学校。20 世纪初，在没有任何导师的情况下，爱因斯坦同时发表了三篇重要的科学论文：一篇是讨论布朗运动的，用有力的证据证明了分子的存在；另一篇是关于光量子的假设；第三篇是《论运动物体的电动力学》，从而创立了包括质量与能量关系式的"狭义相对论"。接着，他又于 1946 年发表了总结性论著《广义相对论原理》，完善了相对论学说。爱因斯坦

爱因斯坦

创立的相对论，揭示了一个全新的科学领域，改变了经典物理学中的绝对

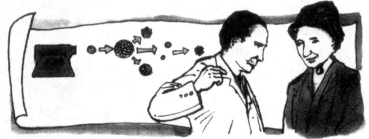

哈恩向迈特纳请教

时（间）空（间）观。此外，他还对光电理论、统计物理学、宇宙学和磁的回转效应等都有深入的研究，因而获得了 1921 年诺贝尔物理学奖金。

1905 年，年轻的爱因斯坦发表了轰动科学界的狭义相对论论文。作为相对论的推论，他又研究了质量和能量之间的关系，并导出了著名的质能关系式。

迈特纳根据质能关系式分析计算

质能关系式 $E = mc^2$，其中的 E 表示能量，m 代表质量，c 表示光速（$c = 3 \times 10^{10}$ 厘米/秒）。这个公式看起来挺简单，但它对发现原子核内具有巨大能量却起着重要的作用。

人们在知道原子核能以前，只知道使蒸汽机车行驶的机械能、煤燃烧放出热量的化学能和电流通过灯丝发光的电能等。这些能量的释放，都不会改变物质的质量，仅改变能量的形式，所以它们释放出的能量都较小。

1938 年，德国化学家哈恩在用中子轰击铀原子核时意外地获得了原子核比铀轻得多的元素钡和另一种元素。他对此无法解释，于是向奥地利籍女物理学家迈特纳请教。迈特纳对哈恩的实验很感兴趣。

她推想钡和另一元素就是由铀原子核分裂而产生的。但当她把它们的原子量相加时，发现其和并不等于铀的原子量，而是比铀的原子量小。对此，迈特纳提出惟一的解释是：在核反应过程中，质量发生了亏损。

迈特纳进一步根据爱因斯坦的质能关系式计算出每个铀原子核裂变时所放出的能量大得惊人。迈特纳从理论上阐明了哈恩的实验结果。后来，物理学家们用实验完全证实了这种分析和推论。哈恩因发现核裂变获得 1944 年诺贝尔化学奖。至此，内藏巨能的原子核大门终于被打开了，并进而证明了爱因斯坦非凡的科学预见性。

爱因斯坦发表的相对论和质能关系观点，对世界科学技术的发展有着不可估量的影响。不过，由于这些理论较深奥，不少人难以理解。于是，爱因斯坦就风趣地解释他的"相对论"："一个美丽的姑娘伴你对坐 1 小时，你好像觉得只有 1 分钟似的短暂；要是你在火炉上坐 1 分钟呢，你又觉得像 1 小时那样长了！"

有人问爱因斯坦，你取得成功有什么秘诀？他坦言回答说："一个人的成功取决于三个因素：一是艰苦的努力，二是正确的方法，三是少说废话。"

爱因斯坦经常说："提出一个问题往往比解决一个问题更重要。因为解决问题也许仅是数学上或实验上的技能而已，而提出新的问题，从新的角度去看旧的问题，却需要有创造性的想像力，这正标志着科学的真正进步。"

居里夫妇的重大发现

玛丽·居里（1867—1934）与他的丈夫皮埃尔·居里（1859—1906）先后共同发现了钋（pō）和镭（léi）两种天然放射性元素，开创了核能科学发展的新纪元。

玛丽出生在波兰，父亲是中学数学和物理教师，母亲当过小学校长。她小时天资过人，记忆力很强，三四岁时就能熟背许多诗篇。玛丽常到摆有物理仪器和矿物标本的父亲房间里

玛丽小时候喜欢标本与科学仪器

对贝克勒尔报告发生兴趣

去，并让父亲给她讲这些稀奇的东西叫什么名字，做什么用，因而从小就对科学器具产生了兴趣。

由于她刻苦学习，中学毕业时以优异成绩获得了金质奖章。但因家中贫困，她中学毕业后做了一名家庭教师，并资助一个姐姐去巴黎上大学。随后，1891 年她也前往巴黎求学。1893 年以优异成绩毕业于巴黎大学理学院物理系，1894 年毕业于数学系。1895 年玛丽和法国物理学家皮埃尔结婚。

发现钍的放射现象

婚后第三年，玛丽生了女儿伊莱娜。当时，她在皮埃尔所在的理化学校实验室里从事钢磁化性能研究。玛丽下决心把对科学的热爱和做母亲的责任同时担负起来。她每天除给女儿喂奶、换尿布外，还挤出时间从事研究工作。在获得硕士学位后，玛丽准备考博士学位。就在确定报选研究题目时，她看到法国物理学家贝克勒尔写的一份报告，内容是关于他发现铀矿石发出一种看不见的射线，而使底片感光的奇妙现象。玛丽立即发生兴趣，认为这正好可写一篇绝好的博士论文。

玛丽的想法得到了皮埃尔的支持，于是她便动手搜集一些铀矿石，以及测试仪器和瓶子，在一间借来的储藏室内实验起来。

她首先测定射线使空气电离的力量。经多次实验证明，这种看不见的射线的强度和矿石中铀的含量成比例，而和外界的光照、温度无关。

幸福之家

玛丽认为，这种独立的射线现象一定是一种原子的特性。既然铀具有这种特性，那么别的元素也可能有这种特性。于是，她把能弄到的元素和化合物都逐个儿实验检查一番。结果，她发现另一种元素钍的化合物也会自动发出射线。她把这种独立的放射现象，叫做"放射性"。

　　玛丽简直被自己发现的放射性现象迷住了。由于好奇心的驱使，她接连实验了几乎所有的盐类化合物、矿物质，以及软的、硬的和各种奇形怪状的矿物的零片。实践终于使她明白：凡是含有铀或钍的物质，都具有这种奇特的放射性。

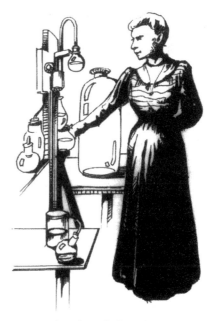

居里夫人在实验室

　　于是，她就专门研究有放射性的矿物。结果，她发现有一种铀沥青矿石的放射性比计算出来的放射性大得多，反复进行了几十次实验都证明测量没有错。玛丽推想：在这种矿石中一定含有一种比铀或钍的放射性强得多的新元素。

　　玛丽意外的发现使皮埃尔也感到惊奇，他决定暂时停止自己在结晶学方面的研究，全力以赴与玛丽共同研究这种神奇的新元素。

在沉思中的分析判断

　　他们把铀矿石的成分——进行化验，并没有发现什么未知物质。由此推想，这种新元素在矿石中的含量一定非常少。

　　这时，他们用化学方法把这种矿石的各种成分分开，然后分别测量它

给新元素命名

们的放射性。经过反复的测量，发现放射性主要集中在两种化学成分里。他们满怀喜悦地认识到，这是两种不同的新元素存在的象征。

他们将其中一种命名为"钋"（Polonium，这一名称的字头和波兰国名的字头一样），以纪念玛丽的祖国；将另一种命名为"镭"。1898年7月和12月，居里夫妇先后对外宣布发现了两个放射性新元素，在当时的科学界引起了轰动。

为了消除人们对新元素的怀疑，居里夫妇决定将钋和镭提炼出来。由于钋本身不稳定，提炼比较困难，所以先提取镭。在没有钱资助、没有实验室的情况下，他们通过说情，免费获得了1吨铀盐残渣，并得到廉价购买这种残渣的优惠。他们再向理化学校借了一间简陋的小木板屋，拼凑了一些坩埚、烧杯等器具，便开始了艰辛繁重的提炼操作。

皮埃尔负责分析试验，玛丽负责提炼。他们既是学者，又是从事繁重体力劳动的工人。玛丽一锅一锅地提炼着，残渣提炼完一吨又一吨，到1902年，在经过漫长的三年零九个月后，终于从30多吨的矿渣中提炼出0.1克镭，并初步测出了它的原子量，从而揭开了核能时代的序幕，完成了现代科学史上一项划

从30多吨矿渣中提炼出0.1克镭

时代的发现。

由于对放射性研究的杰出贡献，居里夫妇和贝克勒尔共同获得了 1903 年诺贝尔物理学奖。同年，居里夫人还获得科学博士学位。

1906 年皮埃尔·居里不幸因车祸去世。居里夫人接替了丈夫的工作，继续研究，1910 年又提炼出金属态的纯镭。1911 年她再次获得诺贝尔化学奖。

1935 年，伟大的科学家爱因斯坦在《悼念玛丽·居里》一文中写道："在像居里夫人这样一位崇高人物结束她的一生的时候，我们不要仅仅满足于回忆她的工作成果对人类已经作出的贡献。""居里夫人的品德力量和热忱，哪怕只有一小部分存在欧洲的知识分子中间，欧洲就会面临一个比较光明的未来。"

核能利用的开拓者——钱三强

钱三强（1913—1992），中国物理学家。1936年清华大学物理系毕业，1937年赴法国留学，1944年和1947年起先后担任法国国家科学研究中心研究员和研究导师，并于1946年获法国科学院亨利·德巴微奖金。他在法国学习和研究期间，在原子核物理科学领域中不断做出成果，其中尤以对核裂变现象的研究结果为世界各国物理学界所重视。

1948年钱三强回国。20世纪50年代，他用新的实验手段所获得的轴裂变的第三裂片实验数据，与计算机计算结果相符合。这一切成就的取得决不是偶然的。

1929年，钱三强考入北京大学理科预科。在学习中，他除了专心攻读英文和专业课外，还常听吴有训教授等讲授的近代物理和电磁学课，并阅

计真攻读

读了英国科学家罗素的《原子新论》一书，因而对原子物理学发生了兴趣。1932年，他考入清华大学物理系学习。

在清华大学学习期间，钱三强全面吸取各种知识，并注意理论与实际相结合。他很重视既动脑又动手实践的学习方法，选修了《实验技术》课，并在工作中学会了自己吹制玻璃仪器，这为以后从事实验研究打下了一定的基础。

1937年，钱三强考取了公费留学资格，在法国巴黎大学居里实验室和法兰西学院原子核化学实验室从事原子核物理的学习和研究。在名声显赫的约里奥·居里夫妇指导下，他在原子物理学领域作出了重要贡献，并于1940年获得法国国家博士学位。

指导研究生做实验

1938年，他与约里奥·居里合作，用中子做炮弹轰击铀和钍的原子核，结果得到了放射性镧的同位素。这从理论与实验上正确解释和论证了当时发现不久的核裂变现象。后来，他还首先从理论和实验上确定了5万电子伏特以下的中低能电子射程与能量的关系。

钱三强与何泽慧博士于1946年在巴黎结婚后，开始了共同的科学研究生涯。这一时期，他除了与G.布依西爱等人合作，首次测出镁的α射

我国第一颗原子弹爆炸成功

线的精确结构外，还领导一个由何泽慧和两名法国研究生组成的研究小组，主要进行铀裂变研究实验。他们通过反复实验和上万次的观察，惊奇地发现铀核裂变时不仅分裂成两个碎片，还会分裂成三块或四块。这为进一步研究核裂变和开发利用核能提供了重要的依据。约里奥·居里对这一

研究成果给予高度评价，认为这是第二次世界大战后在核能研究上取得的一项有重要意义的成果。在人类敲开原子王国大门这项划时代的"工程"中，钱三强和夫人何泽慧可说是中华民族参与这项工作，并作出重要贡献的杰出代表。

1948 年，钱三强夫妇带着伊莱娜·居里"为科学服务，科学为人民服务"的赠言回国。新中国成立后，钱三强作为中国科学院原子能研究所所长，积极组织科技人员进行核能研究，并解决了许多关键问题。我国第一颗原子弹终于在 1964 年 10 月 16 日爆炸成功。

钱三强于 1992 年逝世。他一生为我国研制原子弹和氢弹作出了重要的贡献，功不可没。

李四光与中国石油的开发

　　李四光（1889—1971），中国著名地质学家。1904年获官费去日本留学，1907年入日本大阪高等工业学校学造船机械，1910年毕业回国，1911年参加清政府举行的回国留学生廷试，成为工科进士。1912年，李四光到英国伯明翰大学攻读地质学，1919年获地质学硕士学位。后来他又于1934年赴英国讲学，先后在伦敦、剑桥等8所大学主讲"中国地质学"讲座，1948年获挪威奥斯陆大学荣誉博士学位。

在北大讲课

　　李四光小时候因家境贫寒，14岁时便到武昌报考官费的高等小学堂。他本名李仲揆，可是当他填写报名单时，不小心将年龄"十四"错填写在姓名栏下。这可怎么办呢？情急之中看见挂在学堂大殿上的"光被四表"的横匾。于是，他将"十"添加"八"和"子"写成"李"字，保留了"四"字，在后面又添了个"光"字，自己边写边喃喃地说："四光，四面光明，前途是有希望的！"就这样，"李四光"的名字便沿用下来。

1912年，刚23岁的李四光被保送到英国官费留学，考入英国伯明翰大学地质专业。由于他刻苦学习，不仅很快过了英语关，而且还自学掌握了德、法、日等国语言，为以后学习专业课打下了坚实基础。

1919年，李四光获得伯明翰大学地质硕士学位后，谢绝了国外的厚薪聘请，回国在北京大学任地质学教授。在北大期间，他除了教课外，还从事古生物地层学的研究。为了弄清作为中国主要能源的煤炭的资源分布情况，他对距今2.3亿年的产煤地层石炭二叠纪标准化石进行了大量的研究工作，并为这种化石起名"蜓科"。1927年李四光发表论著《中国北部之蜓科》，获伯明翰大学科学博士学位。

他治学严谨，一丝不苟，工作勤奋，善于钻研。在长期的野外考察中，他养成了一个习惯，每跨一步，总是75厘米。这样，在测量时一迈步就知道所要测的长度了，既省时又方便。

钻塔林立的大庆油田

1926年，在北京举行的地质年会上，他宣读了论文《地球表面形象变迁的主因》，认为地球自转速度发生时快时慢的变化，是引起地球表面形象变迁的主要原因。后来，他根据地球自转所产生的地应力，并结合牛顿力学创建了具有世界影响的地质力学，用它阐明了亿万年形成的大地构造体系。

主持石油普查工作

李四光运用所创建的地质力学积极指导

我国寻找石油等能源资源。他明确指出："新华夏构造体系有三条隆起带和三条沉降带互相间隔着。在这些地带的山脉和群岛上蕴藏着多种矿藏，浅海、平原、盆地蕴藏着极其丰富的天然石油和天然气。"1954年，在李四光教授亲自主持和组织下，一支地质勘探普查队开进新华夏系沉降带的松辽平原。4年之后，果然在东北大庆地区发现很厚的油沙层，以后又发现了大港、胜利油田等，证实了他的科学预见。

李四光一生的主要成就：一是创建了地质力学，为构造地质的研究开辟了新的途径；二是发现中国第四纪冰川；三是应用构造体系理论指导寻找石油、天然气和煤炭等能源资源，为开发利用我国石油、天然气资源做出巨大贡献。

技　术　篇

能源是经济发展的"火车头"，也是现代化文明的三大支柱之一。

大自然赋予人类的能源多种多样。人们通常将技术上比较成熟和使用比较普遍的能源称为常规能源，如煤炭、石油、天然气、水力能等；而把新近才利用的或正在开发研究的能源称为新能源，如太阳能、海洋能、风能、地热能、核能、生物质能、电磁能、氢能等。

随着世界经济的迅速发展，人们运用现代高新技术，一方面充分利用常规能源，采取各种措施节约能源；另一方面积极开发新能源，并寻找煤炭、石油等的替代燃料，以减少对环境的污染，并满足人类社会日益增长的需要。

本篇将为你介绍丰富多彩的各种能源技术知识，它将成为你在能源世界漫游的向导和朋友。

能的利用及其转化

能，也叫能量，是一种物理量，用来衡量能使物质运动起来和发出变化的能力，一般解释为物质做功的能力。

能量有多种表现形式，如热能、机械能、辐射能、电磁能、核能和化学能。

热能是人类最早利用的一种能量。在原始时代，人们就用火烧煮食物、取暖和照明。后来，又利用地热能洗浴，并进一步扩大到工业生产和国防建设上，如用热能冶炼钢铁、热处理和焊接零件等。

机械能是指使物体运动起来的能量，如机器转动、起重机吊运物体等。但是，机械能不一定都是由机械或机器产生的，像雨、雪从天空降落下来，人们用脚踢球，以及风力、水力等都属于机械能。

辐射能包括光能、声能、电波能等。

电磁能实际上就是电能，它的应用很广泛。

核能是指原子能。它的能量大得惊人，很有发展前途。

化学能是指用化学方式储存起来的一种能量，像电池、生物质能（如沼气）、煤炭、石油、天然气等，都含有化学能。我们每天吃的饭菜中，也具有化学能。"光合作用"就是产生化学能的一种方式。

科学家们很早就发现能量的各种形式可以相互转换和传递，而能量的总和不变。这就为人们充分利用各种自然能源和创造人工能源提供了方便。为了使用和运送方便，人们通常都将太阳能、风能、水力能、海洋能、化学能等转变成电能。当将电能输送到所需要的地方后，再将电能转换成机械能、热能或其他形式的能。

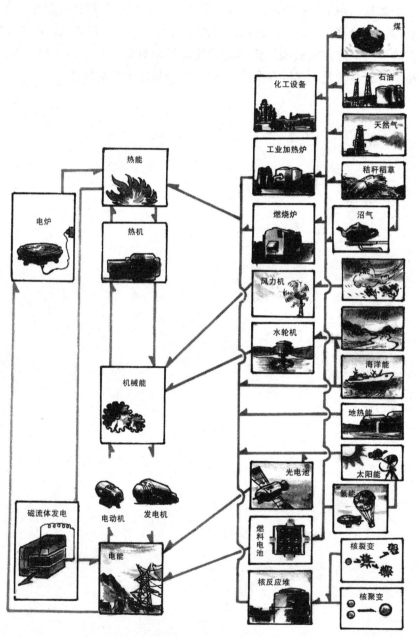

能源的利用及其转化

能源是一切生物和物质运动能量的来源。人们开发和利用能源，也正是利用了能量善变的特长。试想，高山上的瀑布水流力量再大，但若不把它们转换成电能或机械能，这些宝贵的能量也只能白白地流失掉。因此，恩格斯将能量转化和守恒看作是 19 世纪三个最伟大的发现之一。

莎草泥煤　蒲草和芦苇泥煤　腐泥质泥煤　腐泥煤

煤的形成示意图

墨玉乌金——煤炭

煤炭全身乌黑发亮，被人们形象地比喻为"墨玉乌金"、"黑色的金子"。它是人们生活和生产中使用的主要固体燃料之一。目前，煤在我国仍作为第一能源，像火力发电厂、钢铁冶炼厂、煤气厂、炼焦厂等都离不开煤炭。

我国拥有丰富的煤炭资源，据世界能源委员会发表的《1992年世界能源调查》，1990年我国煤炭可采储量为114 500兆吨，仅次于前苏联和美国，居世界前列。而在开采量上我国已居世界首位，成为世界主要的产煤国。

煤是几千万年至几亿年前生长在地面上的植物，由于地壳的下沉与上升，就被埋在地下，并长期受着地压、地热和厌氧细菌的分解作用，其中所含的氧、氮及其他挥发性物质逐渐逸出，剩余物中碳的含量越来越高，这样就形成了泥炭。

按形状分　块煤　粉煤

按有无光泽分　亮煤　暗煤

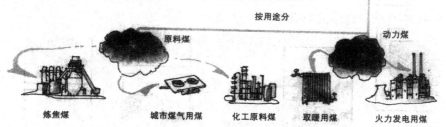

按用途分　原料煤　动力煤

炼焦煤　城市煤气用煤　化工原料煤　取暖用煤　火力发电用煤

世界各国常用的煤的分类法

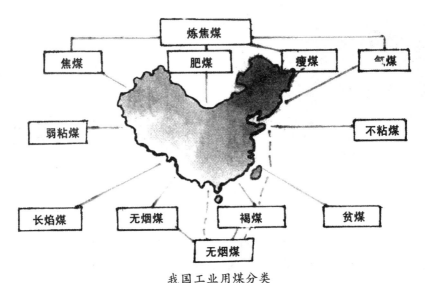

我国工业用煤分类

后来，随着地壳的不断变迁，泥炭被埋得更深了。在高压、高温的作用下，泥炭中的碳质比例继续增大，逐渐变成褐煤、烟煤和无烟煤。其中，无烟煤历经的地质年代最长。

目前，世界上煤炭资源拥有量名列前10名的有俄罗斯、中国、美国、澳大利亚、加拿大、德国、英国、波兰、印度和南非等国。它们约拥有世界煤炭总储量的98%、可采储量的90%。

我国的煤炭资源储量大，煤质好，煤层厚，覆盖表土层薄，易于开采；煤的品种全，尤其是无烟煤、气煤和不粘煤多。

由于成煤时的条件不同，煤层有厚有薄。薄的只有几厘米，而厚的有几十米，甚至达 $100 \sim 200$ 米以上。我国抚顺煤田和小龙潭煤田，都是煤层厚度达百米以上的巨厚煤层。

目前，将煤层分为：薄煤层（厚度小于 1.3 米）；中厚煤层（厚度为 $1.3 \sim 3.5$ 米）；厚煤层（厚度大于 3.5 米）；特厚煤层（厚度大于 8 米以上）。

10%
其他国家储量

俄、中、美、澳
储量90%

世界煤炭资源分布

大型现代化煤矿

煤的开采

通常，煤大都埋在地下 1 000 米左右的地层里。有的埋得更深一些，超过 2 000 米；还有的埋得较浅，甚至有的露出地面。

根据煤层埋藏深浅不同，现代采煤主要有露天开采和井工开采两种方法。

对于埋藏较浅和煤层厚的煤田，可采用露天开采，即采用大揭盖的方法把煤层上部的土层和顶板（煤层上部的岩层）扒开，将煤层暴露出来后再直接开采。开采时，主要用挖掘机等大型机械设备挖掘和装运土石、煤炭。它的煤炭回采率高，能将地下储藏的煤开采出 90% 以上。露天开采工作面宽敞，因而采掘过程易于实现机械化和自动化。这种开采方法的优点是，产量大，劳动生产率高，劳动条件好和采煤成本低，而且建设时间短，材料消耗少。但是，具有露天开采条件的煤田不多。

当煤层埋藏得很深，而厚度又较薄时，就需要用井工开采法。它是从地面向下开掘竖井和水平巷道。矿工坐升降车下到采煤面，用截煤机采煤。采出的煤用运输机沿水平巷道送到地下铁道上的煤车上，然后用煤车将煤运到竖井，再由竖井提升到地面上的洗选厂。

一般矿井至少要有两个井筒。一个井筒用来运送采出来的煤，叫做主井；另一个向地下运送材料、

煤矿机械化开采

设备和上下人员，叫做副井。

井筒也用作通风。为了保持井下空气新鲜，通过进风井用巨型鼓风机将新鲜空气鼓进水平巷道，并将污浊的空气由出风井筒抽出井外。通风不仅能将井下的有害气体（瓦斯）、岩尘、煤尘等冲淡和排除，还能降低井下温度和湿度。

根据采煤设备的不同，现代采煤又可分为机械化采煤和水力采煤。

机械化采煤起初使用截煤机、刨煤机或滚筒式采煤机落煤，后来改用联合采煤机采煤，工作效率大为提高，每小时可采煤180～280吨。

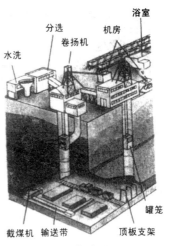

现代化采煤过程

联合采煤机由截煤、破煤和装煤三大部分组成。工作时，采煤机框形截盘上的截链飞快地移动，锋利的截齿截割着煤，然后旋转着的破碎棒和破碎盘使煤破碎并掉落下来，掉进盛煤的铁框里，铁框上运动着的履带和刮板，把煤装运到运输工具里。

水力采煤是用高压水枪口喷出的高压水射流的冲击力来破碎煤体的。水柱射出的速度高达100米/秒以上，1小时可采煤100多吨。经高压水冲击碎落下来的煤，和水一起沿铺设在巷道里的溜槽送到煤水池，再用煤水泵经管道输送到地面。

我国古交煤矿及洗煤厂

煤的焦化与气化

煤的焦化就是炼焦，是将煤装在炼焦炉内隔绝空气加热，因煤不能燃烧而变成了焦炭，同时还生成煤焦油和煤气。

在炼焦过程中，加热用的燃料既可以是焦炉本身产生的煤气，也可以是外来的煤气。炼焦开始时，靠近焦炉炉壁的煤，温度先升高，然后炉中间温度增高，煤也逐渐变软，成熔融状。经过十几个小时后，焦炉中心温度已达1 000℃。这时打开炉门，用推焦机将烧成火红色的高温焦炭推出炉门，并用水或氮气使它降温熄火，以防止红热的焦炭遇到空气后引起燃烧，这叫做熄焦。熄焦后就可以得到所要求的焦炭。

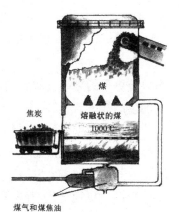

用炼焦炉炼焦

焦炭的本领比煤大多了，就以冶炼金属来说，焦炭的作用一是将矿物加热熔化；二是产生一氧化碳作为炉内的还原剂；三是焦炭身上有许多小孔，可以保证熔炼中高炉有良好的透气性，以便充分地完成各种反应。也就是说，焦炭不仅能提高炼铁质量，而且可加快熔炼反应速度和增加出铁量。

但是，能够用来炼焦的煤（称为炼焦煤）的资源储量有限，而且在世界各国的分布也不平衡。从世界情况来看，炼焦煤储量仅占煤炭总储量的10％。我国的炼焦煤资源虽然较丰富，但炼焦煤资源也只占煤炭总储量的1/3强。为了解决优质炼焦煤的资源短缺问题，许多国家采用了不断扩大炼焦煤源的办法，即把从前认为不能用于炼焦而划到炼焦煤范围外的非炼焦煤，通过使用炼焦新技术而炼出符合要求的合格焦炭。例如，采用煤预热的炼焦新方法。这种新技术是把部分或全部炼焦煤与非炼焦煤用不含氧的焦炉热烟道气预热到 200～300℃，然后再装到焦炉里炼焦。采用这种方法炼焦，

世界最大的整体煤气化联合循环电厂——荷兰谢尔电厂

可以使更多的粘结性较弱的煤都能用来炼焦，并能缩短炼焦时间，提高焦炉的生产效率。

通过一定的方法使固体的煤变成气体，即生成煤气，叫做煤的气化。具体来说，先将煤或者焦炭进行加热气化，并与水蒸气和空气（或氧）等进行化学反应，以便生成以氢、一氧化碳或甲烷等为主的煤气。

将煤气化后，可以充分利用煤中含的热量，减少对环境的污染，并能使一些含硫量高的煤得到应用。

煤气化后，就变成炉煤气、水煤气、混合煤气和干馏煤气等，它们各有拿手本领。

发生炉煤气 是将煤或焦炭经过不完全燃烧所得的煤气，其主要成分是一氧化碳和氮气，常作为冶金、化工用燃料。

水煤气 用烧红的煤或焦炭与水蒸

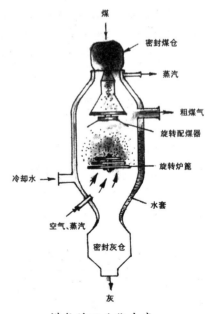

煤气的工业化生产

气发生反应后得到的煤气，其主要成分是氢和一氧化碳。它是化学合成工业中常用的原料，也可作为城市煤气使用。

混合煤气　由煤的低温干馏煤气与煤气混合而成的煤气，可作为城市煤气或合成原料气。

干馏煤气　炼焦时产生的煤气，也叫做焦炉煤气。它既可作为城市煤气用，也适合用作化工原料气。

目前，世界各国广泛采用的工业化煤气生产方法是鲁奇气化炉法，用它生产城市煤气和化工合成原料气。

煤水浆与管道输煤

20世纪70年代初期，人们研制成像油一样能流动的新型燃料——煤水浆，以提高煤的燃烧效率和降低对环境的污染。

煤水浆实际上是由约75％的煤粉和约25％的水，再加上少量的添加剂（约1％）制成的一种类似石油的液体燃料。它的制造方法较简单：先把煤粉碎成直径为几十微米（1微米＝10^{-6}米）的微颗粒体，然后除去其中的

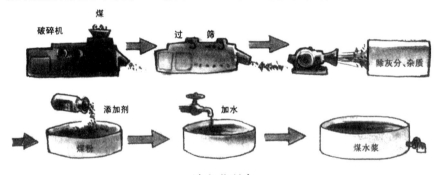

煤水浆制备

灰分和杂质，加进少量添加剂，再加水调合就可以用了。加入添加剂是为了便于浆液流动和防止其沉淀。

煤水浆比煤优越：

——具有均匀流体状态的煤水浆能迅速点火，燃烧火焰稳定，燃烧效率高达80％～90％；

煤矿　　　集煤站　　　制浆厂

——可用来代替石油，作为电站锅炉、工业窑炉的燃料；

——容易加工生产，贮存可用罐筒，输送可用管道，从而节省大量投资；

——可利用各种煤制作煤水浆，尤其是利用洗煤厂的尾煤制作更为经济；

——它的氮氧化合物的排放量比燃煤时低 20％，脱硫率高 20％，因而，对环境污染小；

——生产成本较低，价格仅是石油的 1/3。

目前瑞典已利用煤水浆代替部分石油，使石油进口量减少了 1/3。加拿大等国已建成年产 250 万吨的煤水浆工厂。

利用管道输送煤、矿石等固体颗粒物料，是 20 世纪 60 年代初发展起来的一项新技术。

用管道输煤时，先将煤破碎成细颗粒，再加入一定量的液体（如水），配制成一定浓度的煤浆，通过管道和沿途泵站加压输送。然后，经过脱水处理，供发电厂等用户使用，或者用轮船等运送到各地。

浆缸

泵站

浆缸

脱水厂

发电厂

管道输煤属于连续化运输方式，效率高，安全可靠，不受自然气候影响，而且易于实现自动化控制；它的管线全埋于地下，占地面积小，不占用农田；这种输煤对管道磨损小，使用寿命可长达50年。另外，输煤用水量不大，输送1吨煤，仅需1吨水，而且煤水经处理后，可作为工业用水，也可浇灌农田。

煤的加压沸腾与磁流体发电

　　煤是当前常用的主要燃料之一。然而，它的热能转换效率低，又污染环境，直接影响着它的效能的发挥。因此，人们采用"加压沸腾"与"磁流体发电"等办法使煤能扬长避短，更好地施展它的本领。

　　加压沸腾法是目前普遍使用的"常压沸腾法"的改进。常压沸腾法是在往炉膛里送风时，用气流猛烈冲击坚硬的煤粒，使它以很高的速度在炉膛中上下翻腾，相互碰撞，像沸腾的水一样。这样，煤料就能与空气充分接触，使煤燃烧得更完全，释放出更大的热能。而加压沸腾法是给炉膛

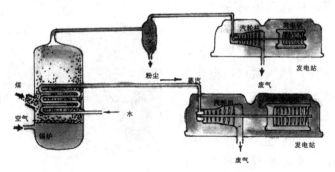

加压沸腾法

加压，从而能在产生同样热量条件下减少沸腾区所用的空间。这实际上就是向燃烧区内压入更多的空气，即有更多的氧气参与燃烧。因此，这种方法能大大提高燃烧区的热能输出量，节省燃料，而且可缩小锅炉体积，降低建造成本。

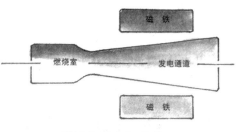

磁流体发电机结构

加压沸腾时，锅炉中的温度可保持在850℃（普通锅炉必须在1 400～1 500℃），因为煤在850℃燃烧时不会形成大量的一氧化碳，从而减少了对空气的污染。如果往锅炉的"沸腾层"中加入白云石和石灰石，使其同二氧化硫气体发生反应，还可将这种污染环境的有害气体从煤中除掉。

磁流体发电是一种将热能直接转化为电能的新型发电技术，其发电效率高，还可节约燃料和用水。由于它可以燃烧含硫量高的劣质煤，因而可减少对环境的污染。

根据法拉第电磁感应定律，当导体在磁场中切割磁力线运动时，就会产生感应电动势。磁流体发电的原理就是利用高温导电流体，如带有大量自由电子的气体流，高速通过磁场，在电磁感应作用下，将热能转换成电能。

当将空气加热到3 000℃时，气体中就产生大量自由电子和正离子，即达到了磁流体发电的高温导电流体的要求。这时，采用抽运的方法，将带有自由电子和正离子的气体以高速通过磁场，结果就可在电极上产生直流电。

由于通过磁场后的电离气体的温度很高，让它再进入余热锅炉生产蒸汽，可用来推动汽轮发电机发电。这样，可使其发电效率高达

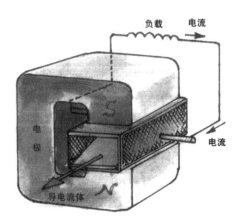

磁流体发电原理

50％～60％（一般火电站最佳为 38％）。此外，磁流体发电机在运行中没有高速旋转部件，因而具有设备体积小、启动快、噪声低和使用寿命长等优点。

磁流体发电由于可使用细煤粉做燃料，因而去除煤中所含的硫很方便，对环境污染也较少。同时，它的高温气体中还掺杂着少量的钾、钠和铯的化合物等，能和硫发生化学反应，生成硫化物。在发电后回收这些金属时，也将硫回收了。因此，磁流体发电可以充分利用含硫较多的劣质煤。

煤的地下气化与液化

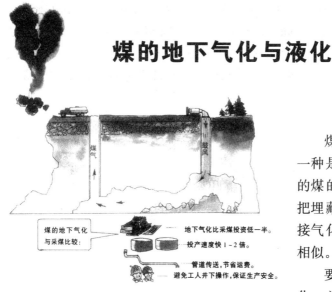

煤的地下气化

用电脑控制煤的地下气化

煤的气化有两种：一种是将开采到地面上的煤的气化；另一种是把埋藏在地下的煤的直接气化，但两者的原理相似。

要实现地下煤层气化，必须先在地面上每隔一定距离向地下煤层打进气孔和排气孔。然后，通过进气孔向煤层鼓入空气或氧气，使煤层发生燃烧，结果就产生了以二氧化碳气体为主要成分的气体。这种气体沿着煤层的缝隙向未燃烧的煤层移动，并进行气化反应，从而生成一氧化碳气体。如果二氧化碳气体遇到了水蒸气，就会变成氢和一氧化碳气体。它就是通常所说的水煤气。把水煤气由排气孔引到地面，即为使用方便的煤气。

煤的地下气化开始于19世纪末期。随着现代科学技术的发展，美国已利用电子计算机进行气化的自动检测和记录，并显示气化过程和控制地下燃烧工作面的推进和热工参数。由于定向钻孔和定向爆破技术的应用，使

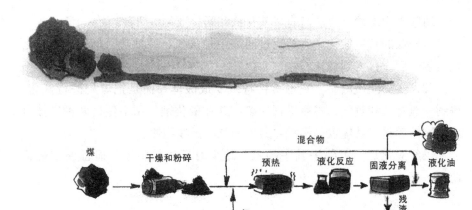

煤的直接液化法

煤的地下气化的钻孔间距由 35 米增大到 50～60 米，甚至达 100 米以上，从而大大降低了钻孔费用。另外，俄罗斯还发明了向煤层加压通氧的煤的地下气化的新方法，使煤气的发热量提高 1 倍以上。

煤的液化，就是把固体的煤变成使用方便的石油。因此，人们把这种液化煤叫做"人造石油"。

煤是古代植物在漫长的时间内，经过地壳内的高温和压力作用而形成的。而石油则主要是由古代的低等动物经过与煤相似的作用过程而变成的。所以，煤和石油的主要化学成分相同，基本都是由碳、氢两种可燃元素组成；但两者又不完全相同，其主要差别是煤中的氢元素含量要比石油低得多。因此，只要增加煤中的氢元素，使它和碳元素的比例达到与石油一样时，煤就能变成类似于石油的液体燃料。

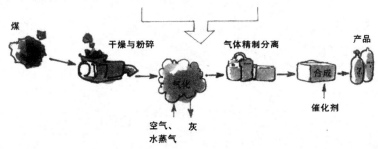

通常采用的液化方法有直接液化法和间接液化法两种：

（1）煤的直接液化。它是通过向煤中加入氢，并加热、加压，使煤熔化裂解，而直接得到液化石油。

（2）煤的间接液化。它不直接将煤变成液体，而是把煤先进行气化，得到一氧化碳和氢气，然后进行加热，并在催化剂作用下使这两种气体合成为液体燃料。其优点是不需要另外加氢，操作简便。

煤经液化后，可除去其中的硫，减少对环境的污染，而且便于运输使用。

工业的血液——石油与天然气

石油是工业、交通用的宝贵燃料和化工原料，被人们誉为"黑金"和"工业的血液"。天然气和石油一样，也是重要的燃料和原料。不过，一个是液体，另一个则是气体，它们常常埋藏在一

油气的形成

起，气轻在上面，油重在下面，形影不离，犹如一对孪生兄弟，所以人们将它们通称为油气。

石油与天然气是由古代的动、植物变成的。古时候，地面上的树木繁茂，还有着成群的各种动物。后来，由于地壳的变化，这些生物体和泥砂一起被沉积在湖泊和海洋中，形成了水底淤泥，而且越积越厚，终于使淤泥与空气隔绝，避免了与氧气作用而腐烂。但是，地层内的温度很高，而且又有很大的压力，加上细菌的分解作用，最后使这些生物遗体变成了棕褐色黏状的石油。

石油开始形成时，是呈分散的油滴状存在的。在地下水流带动或地层内压力的迫使下，分散的油滴便慢慢地向有空隙和裂缝的岩石层中流动、积聚。如果这些岩石层周围是密闭的，不将油渗漏下去，油滴便会积聚起来形成油田。

由此可知，石油和天然气产生的环境与条件基本上是一样的。而它们的区别主要是两者形成时参与分解活动的细菌不一样。形成天然气的细菌

叫做厌氧菌，而参与分解形成石油的则是硫磺菌和石油菌。因此，石油和天然气的组成成分也不同：天然气的主要成分是甲烷，石油则主要是由碳、氢等元素组成的脂环和脂肪族等有机物。

资源卫星

石油和天然气都深埋在地下，人们要开采它们，就必须了解这些油气究竟埋在什么地方？埋在地下又有多深？

用卫星找油汽田

储量有多大？值不值得开采？这就需要地质勘探人员进行勘测。

现在最先进的勘探方法，是用地球勘探卫星进行探测。探测时，通过卫星上的摄影机或扫描仪等设备对地球进行遥感探测，将获取的底片或磁带经过处理，即可得到用来找油气田的遥感图像。此外，也可采用人工地震勘探法。这是应用最多的、最有效的勘探方法之一。它是在地下几十米深处用炸药形成一次小规模爆炸。爆炸产生的地震波向周围地层内传播。由于含有油或气的地层结构与一般地层不同，因而对地震波的反射也不同。设在地面上的仪器接收反射回来的地震波，并用磁带录制下来。然后，技术人员对录制下来的地震波进行分析研究，就可判断和确定出哪儿有油气，以及埋藏深度和储量多少。但究竟有没有油或气，还要通过钻探才能证实。

钻探就是用钻头穿进地层，打出探井，并对井内不同深度的地层取样分析，以确定含油气情况。

地 震 波

人工地震勘探法

石油的组成与性能

石油主要由碳、氢两种元素组成。如果按重量计算，碳占84%～87%，氢占12%～14%，而在剩下的1%中，含有硫、氧、氮和极微量的磷、钾、硅、镍等元素。

在石油中，碳、氢元素互相结合在一起，形成许多不同的碳氢化合物，使石油成为一个成员众多的大家族。

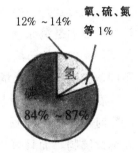

石油组成

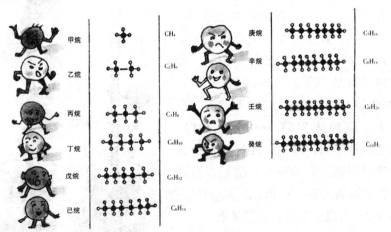

各种碳氢化合物结构式

碳与氢的结合与众不同。它们结合生成的碳氢化合物不是一两种或七八种，而是像糖葫芦一样成了一大串：若用●代表碳原子，○代表氢原子，就可列出众多的性能各异的碳氢化合物结构式。

大庆、大港、胜利油田的黑色石油

克拉玛依油田的深褐色石油

淡红色石油

　　据统计，石油中约含有 80% 的多种碳氢化合物，构成了石油的主体。

　　人们通常看到的石油多是暗褐色或者黑色的，颜色都很深，如我国大庆、大港、胜利油田的石油是黑色的，克拉玛依的石油是深褐色的或棕黄色的；但也有其他颜色的石油，如四川自流井的石油是黄绿色的。此外，还发现过黄色、淡红色、淡褐色的石油，甚至还有白色的石油。石油颜色的不同，主要是因为含胶质和沥青的多少不同。胶质和沥青含量越多，石油的颜色就越深。

　　石油还有个怪脾气，当将它加热到 30℃ 时，就开始沸腾。如果再加热，它就继续沸腾，而且可以随温度不断升高到 500～600℃ 而不断沸腾。

　　这是怎么回事呢？原来，石油和单一化合物的水不同，没有固定的沸点。石油是个包含着众多碳氢化合物的大家族，它的成员的沸点高低各不相同，如戊烷的沸点是 36℃，己烷的是 68.7℃，庚烷的是 98.4℃，壬烷的是 150.7℃……十二烷的是 215℃……当加热时，沸点低的先沸腾、蒸发；接着沸点稍高的又沸腾起来，开始蒸发；随后，沸点更高的又沸腾起来……因此，从 30℃ 一直到 600℃ 可以说都是石油的沸点。

　　由上述情况可以看出，碳氢化合物的分子愈大，也就是说，分子中的碳原

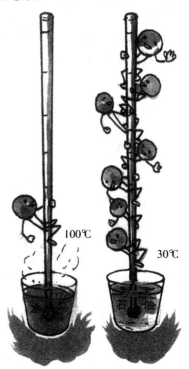

子愈多，沸点也就愈高。恩格斯在其著名的论著《反杜林论》中，就把这个现象作为从量变到质变的典型例子。他是这样说的："从这里我们看到了由于元素的单纯的数量增加——而且总是按同一比例——而形成的一系列在质上不同的物体。"

正是由于石油没有固定的沸点，因而它包含了气、液、固三种状态的物质。如甲烷、乙烷、丙烷、丁烷的沸点很低，在常温常压下是气体（它们是天然气的主要成分）；而从戊烷到十六烷，在常温下都是液体；十七烷以上，在常温下都是固体。还值得说明的是，石油没有固定的沸点，为给石油"分家"——石油的炼制创造了有利的条件。

石油与天然气的开采

石油和天然气通常都深藏在几千米到 1 万多米的地下，由于它们都是可流动的，而且承受着一定的压力，因而比煤炭容易开采。

通常采用钻井的办法进行开采，即钻孔下管子通到油层后，石油就会像自来水管里的水一样，自动向地面喷射出来。油层内的压力越大，喷出来的油就越快越多。

钻井是石油和天然气开采的关键工序。现在钻井时采用了高压喷射钻井新技术和用电子计算机进行控制，不仅加快了钻井进度，而且提高了钻井质量。另外，还广泛使用计算机进行石油开采的设计、计算和监测等；有的甚至已采用智能机器人开发油气田。

在海洋的大陆架和大陆坡（由大陆架到深海之间的斜坡）的底下埋藏着丰富的石油和天然气资源，其数量约为整个地球油气储量的 1/3。这些油气田大都集中在我国的近海、中东波斯湾、西非几内亚湾、北海和墨西哥湾等海域。据估计，未来的海洋将为人类提供需要的 50％ 以上的石油。

海洋油气田的开发与陆地上基本相同，都是先勘探后钻井开采。在海上钻井与陆地上不同的是，必须使用一种称做"平台"的操作台，因为直接在海面上是无法操作的，在平台上除安装钻机外，还装置有工作台、测试仪器和起重设备等。

陆地

大陆架

大陆坡

目前，各国已先后研制成适合于不同水深条件下的钻井平台，包括只能在水深 200 米以内作业的自升式平台和升降式平台；可在 400 米至 1 200 米深的海域作业的半潜式平台；能在 1 000 米至 3 000 米以上的深水中钻井的船式平台（也叫做钻探船）等。这些平台已由过去的钢结构逐渐改为钢筋混凝土结构，规模也越来越大。英国在北海安装的采油平台，是世界最大的海上平台之一。平台高达 236 米，仅露出海面部分就足有 30 层楼高。

现在世界上很多国家已采用管道输送油气。这种管道既可埋设在陆地上，也可敷设在水下、海底，其优点是可连续输送，效率高，成本低，输送安全。对于远距离海上运输，一般采用大型油轮运送。另外，一些国家也在试验将天然气变成液体后再输送，以达到简便、快速，提高天然气管道的输送能力。

管道输油

石油的炼制

从井下开采出来的石油，称为原油。它是由许多碳氢化合物组成的复杂混合物。由于组成原油的各成员的性质各不相同，混在一起很难直接利用，因而首先需要把它们一一分开，即给石油"分家"。这就是石油的提炼。

通常，人们利用石油中各个成员沸点不同的特点，巧妙地将它们分开，来提炼石油。这种方法叫做蒸馏。

提炼石油时，先将石油从管子里输入加热炉内。然后，将从加热炉出来的石油蒸气不断地送入蒸馏塔的底部。这种蒸馏塔有几十米高，里面有一层一层的塔盘。塔底温度高，塔顶温度低。石油蒸气经过一层层塔盘，各个成员就按沸点的高低，分别在不同的塔盘里凝结成液体。这样，石油中的各个成员便被分开了。因此，人们将蒸馏塔也叫做分馏塔或精馏塔。

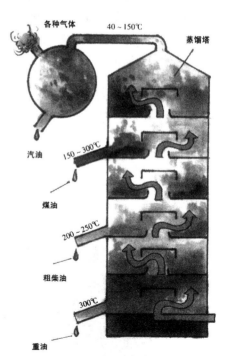

给石油分家

石油炼制厂

从蒸馏塔上部流出来的液体是汽油，从中部流出来的是煤油，从下部流出来的是柴油，从底部流出来的是重油。在重油里面还包括好多不同的成员，需要再进一步"分家"。但由于重油中都是一些沸点很高的碳氢化合物，加热到400℃以上还不能气化，因而用一般的分馏方法很难把它们分开。人们利用沸点随大气压力降低而减小的原理，将加热炉和蒸馏塔里的压力降低，从而使重油沸点降低，即用"减压加热炉"和"减压蒸馏塔"从重油中分出柴油、润滑油、石蜡和沥青等。

用分馏的方法，10吨石油只能生产1吨汽油和4吨煤油。然而，人们希望从石油中得到更多宝贵的汽油。人们从研究中发现，汽油、煤油都是碳氢化合物，所不同的只是分子中的碳原子多少不一样，即汽油中的碳氢化合物分子小，碳原子少，而煤油中的碳氢化合物分子大，碳原子多。要使煤油变汽油，就像将大石头敲碎成小石头一样，只需将碳氢化合物敲碎就行了。而敲碎用的奇特的"锤头"，就是增加压力的加热炉。

于是，将煤油放在加热炉中，同时加热和提高压力，使煤油的蒸气在400～700℃时通过催化剂。结果，大的分子就分裂成小分子，煤油也就变成汽油了。

用这种办法也能使柴油和一部分重油变成汽油。

洁净可再生的水力能

水力能的来源——水的循环

"江河滚滚向东流，流的尽是煤和油"。人们常把水力形象地比做"白煤"，这是因为水的颜色近似白色，而且水力能和煤炭、石油一样，是目前世界各国常用的主要能源。

水力能产生于太阳能。由于太阳辐射的作用，形成了地球上的水循环，即大量的水蒸气从海洋上空转移到陆地降落下来，而大量的陆地降水又通过成千上万条川流不息的江河奔流入海洋，从而为人类提供了丰富的水力资源。

滔滔江河，蕴藏着丰富的水能资源。然而，水能与煤炭、石油不同，是一种取之不尽、用之不竭的可再生能源，而且蕴藏量巨大，全世界约达22亿千瓦。

利用水力发电，既不污染环境，又不损失水，而且生产成本低，投资

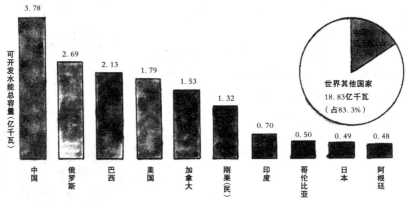

我国水能资源居世界之冠

世界其他国家 18.83亿千瓦（占83.3%）

中国 3.78 俄罗斯 2.69 巴西 2.13 美国 1.79 加拿大 1.53 刚果（民）1.32 印度 0.70 哥伦比亚 0.50 日本 0.49 阿根廷 0.48

可开发水能总容量（亿千瓦）

回收快，真是"一举多得"。水力发电在防洪、灌溉、城市供水等方面发挥着重要作用。此外，水力发电站的水轮发电机组具有可以迅速启动和投入运转的突出优点，因而水力发电可作为一种灵活的能源供应系统，即它不仅可连续运转发电，而且还可把能量储存起来，在需要时再释放出来。

我国地域辽阔，大部分地区雨量充沛，河流众多，加之山区较多，地形高差又大，水能资源极为丰富，占世界第一位。据统计，全国水能资源理论蕴藏量约为 6.76 亿千瓦，可开发的水力资源装机容量为 3.78 亿千瓦。仅长江水系可开发的水能资源就达 1.97 亿千瓦，超过了美国可开发水能总容量。

世界各地的水能资源蕴藏量各不相同，开发利用程度也不一样。据20世纪 80 年代统计，欧洲水能资源已开发 60％，北美开发 36％，日本的开发程度也较高。有些发达国家的电力生产基本以水电为主，如挪威 98％的电力来自水电站，瑞士为 95％，加拿大为 78％。亚洲、非洲和南美洲的水能资源虽然比西欧、北美丰富，但开发利用程度较低。

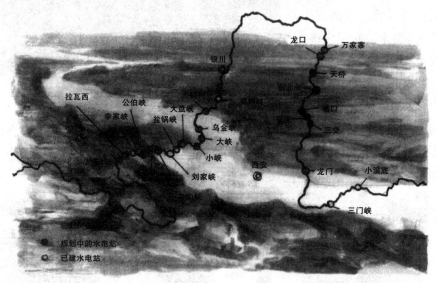

黄河上中游水电开发示意图

大有可为的水力发电

水能资源的利用方式主要是发电。要使水电站的发电量大，就必须有较大的江河水流量和落差。然而，大多数天然河流的落差都较小，即1 000米的距离内最大能有二三米的落差，而且河水流量经常变化，洪水期大，枯水期小。

安徽佛子岭水电站

为了充分利用水能资源，必须对河流进行改造和控制，使落差集中增大，水流相对稳定均衡。按照集中水落差的方式不同，水电站可分为堤坝式、引水式和混合式。

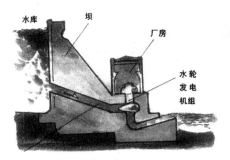

堤坝式水电站

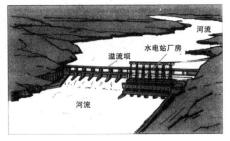

河床式水电站

88

堤坝式　在河道上建造一座用来集中落差的拦河坝，在坝址上游形成水库，用压力水管和隧洞把水库的水引到坝下面又可分为坝后式和河床式。

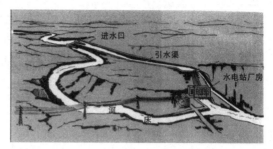

引水式水电站

坝后式水电站因厂房建在拦河坝后而得名。它适合修建在河流的中、上游山区峡谷地段，集中的落差可达20米以上。河床式水电站的厂房修建在河床中或渠道上，厂房本身也成为拦河坝的组成部分。这样，厂房直接承受水压，落差受到厂房高度限制。它适宜修建在平原河段或灌溉渠道上，落差一般在30米以下。

引水式　是利用引水渠道、隧洞或水管来造成集中落差的水电站。它的引水渠道或引水管通常修建在河道坡度陡峻或弯曲的山区河段。由于引水渠道高于河床，这种水电站的水头可达到很高的数值（水头可高达两千多米）。

混合式　这种水电站兼有堤坝式和引水式两种水电站的特点，即它的落差一部分由拦河坝集中，另一部分由引水道集中。它的水头和流量可达到较高的数值，如广东流溪河水电站、四川狮子滩水电站等。

长江三峡水利和发电规划图

2009年建成的我国长江三峡水电站，装机2 240万千瓦，相当于9个240万千瓦的大型火电厂，比巴西伊泰普水电站（1 260万千瓦）还要大。它的年发电量840亿千瓦小时，其经济效益相当于一个年产四五千万吨的煤矿和两条长800～1 000千米的铁路。

黄果树瀑布

瀑布发电与抽水蓄能发电

　　瀑布是大自然的美妙杰作。奔腾不息的河水长年累月流过的河床中，有着大小不一、软硬不同的岩石。由于水对岩石有一种"剥蚀"能力，天长日久那些软的岩石就被一层层剥掉了，剩下坚硬的岩石突出于河床之上。后来，有的地段河床的高低相差越来越大，河水也就逐渐由急流变成了瀑布。

　　瀑布是建设水电站的好地方。由于瀑布上、下游高低相差悬殊，所以在瀑布的上游筑一低坝，从坝前水库中用管子引水到瀑布下游，便可得到相当大的落差。我国四川大飞水瀑布，只用了 500 米的引水道，就使落差高达 360 米，因而发电站的装机容量达到 5 000 千瓦。1971 年建成的加拿大丘吉尔瀑布电站，装机容量为 522.5 千瓦。巴西和巴拉圭合建的伊泰普水电站，是利用著名的塞特克达斯大瀑布建成的。我国的镜泊湖水电站、广东从化水电站和湖南衡山水电站等，都是利用瀑布建成的电站。

瀑布电站

除瀑布发电外，利用河流的天然水位差，还可截湾引水发电和跨河引水发电。

截湾引水发电　在河道转弯并在平面上形成圆环的地方，往往是很好的水力开发地点。只要在上游甲断面处筑坝引水至下游乙断面，用不太长的管道即可获得相当大的落差，用来建设水电站。这种引水发电方式叫做截湾引水发电。我国四川狮子滩水电站就属于这种引水发电方式。

截湾引水发电

跨河引水发电　是在两条河流相距不远，但水位标高却相差很远的情况下，打一条隧洞把两者贯通起来，便可把位置较高的甲河水引到位置较低的乙河中，即可获得用于发电的集中落差。我国云南的以礼河梯级电站，就是将以礼河水引向金沙江发电，共获水头1 700米。

跨河引水发电

此外，抽水蓄能发电也是一种巧妙地利用水力储能的好办法，被人们称为"大蓄电池"。它不需要开发新的水力资源，而是利用丰水期或

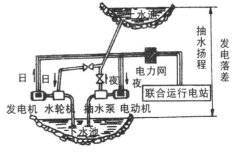

抽水蓄能水电站

午夜的剩余电力来启动水泵，把水抽到高处的水库或者调节池（即上水池），这部分水力能就通过水轮发电机变成电能，供电网调节电能使用。

抽水蓄能水电站有两种：混合式蓄能电站是在紧靠水库的下游修建调节池。这种水电站除了抽水、蓄能外，还利用调节池（或水库）的自然水流为电网供电。纯抽水蓄能电站的上水池的水全部是由下水池抽取的，它

河北藩家口水电站

的作用完全是蓄能。

我国已建的抽水蓄能水电站有北京密云水电站、河北潘家口水电站、北京十三陵水电站等。

能源宝库——太阳

太阳蕴藏着无比巨大的能量。地球上除地热能和核能以外的所有能源，都来源于太阳能。因此，太阳能是人类的"能源之母"。

太阳每秒钟发出的能量约相当于 130 000 000 亿吨标准煤燃烧时放出的全部能量。而地球每天接收的太阳能，相当于全球一年所消耗的总能量的 200 倍。可以说，太阳真可谓人类取用不尽的能源大宝库。

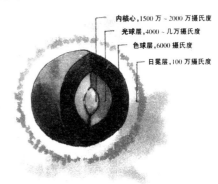

太阳是人类能源的大宝库

高悬在蔚蓝色天空的太阳，金光灿烂，绚丽多彩，表面像明镜一样平静，实际上是一个熊熊燃烧着的大火球。其表面是一片沸腾的火海，温度约为 6 000 摄氏度，而内部温度高达 2 000 万摄氏度。

太阳的直径约为 140 万千米，呈气体状态，其中 99% 是氢和氦。由于引力的作用，这些气体一直聚集在太阳核心外，不会散失到太空。这个巨大的火球由内核心、光球层色球层和日冕层四部分组成。内核心的温度最高，太阳巨大的光和热就是从这里发出的。光球层是紧靠内核心的那一层，

内核心，1500 万～2000 万摄氏度
光球层，4000～几万摄氏度
色球层，6000 摄氏度
日冕层，100 万摄氏度

太阳的温度分布

它能把内核心的能量传到外面，它就是人们看见的发光圆镜面，其上温度较低的地方即太阳的黑子。色球层位于光球层之外，是一层平均厚度为 2 000 千米的稀疏透明的大气。日冕层是太阳大气的最外层，即为日全食时看到的太阳周围的银白色环。

太阳发光放热的历史已达 40 多亿年以上。有人可能会问，太阳为什么能长期不断地发光放热，而且经久不衰呢？

据计算，如果在太阳上有和它体积一样大的煤堆，最多也只能燃烧 3000 年。那么，无穷无尽的巨大的太阳能是从哪里来的呢？

原来，在太阳内部每时每刻都在进行着原子核聚变反应，即每 4 个氢原子核聚合成一个氦原子核，同时释放出大量的光和热。这种核聚变反应放出的能量之大，相当于 1 秒钟爆炸 910 亿个百万吨级的氢弹。这是因为核聚变反应释放出来的能量比煤等燃料所放出的能量高 100 万倍。

太阳放出的能量通过地球大气层时，有 34% 被云反射到大气层外面，19% 的太阳能被大气层吸收，剩余的

太阳光球层及太阳黑子

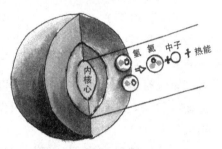

太阳发光的秘密

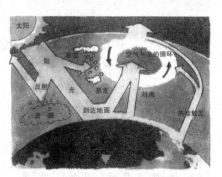

太阳能量的传送

47% 的太阳能到达地面。由于水的蒸发和热的发散，有的太阳能通过光合作用将能量储存在植物中，有的变成雨、雪降落，有的形成海流能、海浪能等，但绝大部分又跑回到大气层中。而大气层中的太阳能，有的转变成风，有的形成水的循环。

从热箱到太阳能热水器

通常，将阳光变成热能的一个简便办法，就是用一个四周密封而上面能透光的大箱子收集阳光，让光线射进去的多，而反射出去的少，箱里的温度就会逐渐高起来，人们把这种箱子叫做"热箱"。

热箱原理

热箱的四壁和底部一般用泡沫塑料等隔热材料密封起来，并将箱内涂成吸热性能好的黑色，然后在顶部用双层透明玻璃盖严。这样，在夏天正午的阳光下，箱内的温度将会超过100℃。平板式太阳能热水器是利用热箱原理制成的，其水温可达到40～60℃，可用来为家庭、机关、旅馆、医院和浴室提供热水，而且还可供房屋采暖、干燥、蒸馏、制冷等使用。它由集热器、储水箱和冷、热水管等组成。此外，

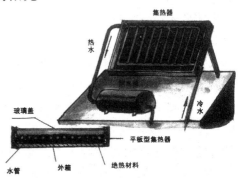

有的热水器还装有供无阳光时使用的电加热器等装置。

按照太阳能热水器冷热水循环方式不同，平板式热水器又分为自然循环式太阳能热水器和强迫循环式太阳能热水器。

自然循环式太阳能热水器

强迫循环式太阳能热水器

　　自然循环式太阳能热水器是将储水箱装在集热器的上方。集热器中冷水管的水被晒热后变轻了，就自动沿着管子上升到储水箱。由于虹吸作用，储水箱中的冷水就沿着另一个管子进入集热器的底部。

　　强迫循环式太阳能热水器的冷热水能沿管道自动进行循环。这是因为热水器的储水箱一般都较大，不能安装在集热器的上方。这样，就必须用水泵将冷水送入集热器内，使冷热水进行循环。

　　若按结构形式不同，又可分为开放型、薄膜型、密封型和流动型热水器。

流动型太阳能热水器

　　开放型热水器的水直接通入集热器中。它的集热器为木制箱形，内壁贴有黑色塑料或者涂上黑漆，用来增加吸收阳光的能力和防止水渗漏。水箱还装有双层玻璃盖板。这种热水器的2平方米的受阳光照射面积，每天可提供热水 200 千克。它的优点是成本低，价格便宜，使用方便。

　　薄膜型的集热器是用软塑料制成的（有的用木箱做框），上面盖一层透明塑料。它也是将水直接盛装在集热器中。这种热水器可放在屋顶或阳台上，使用很方便。

双层玻璃盖

开放型太阳能热水器

密闭式热水器的集热器用来储水和承受阳光照射。集热器内有盛装水的金属或非金属（塑料、玻璃）圆管。它的热效率高于开放型热水器。

薄膜型太阳能热水器

流动型热水器的外形像带罩的长日光灯。它有一个用金属板制成的聚集阳光的反光镜，冷水从支在反光镜上的管子中流过。当阳光被反光镜聚集后照在水管上，水就会变热。

密闭型太阳能热水器

太阳能灶与太阳能干燥器

太阳能灶是利用太阳的能量加热和烹调食物的器具。目前使用的太阳能灶主要有吸收式（箱式）太阳能灶和反射式太阳能灶。

吸收式太阳能灶又有回转吸收式和箱式两种类型，都是利用热箱原理来加热和烹调食物。它们的箱体（灶体）用木板制成，也可用竹篾、稻草或柳条等扎编而成。灶的四壁和底部用棉花、木屑或麦糠等充填作为保温材料。箱的内表面涂黑，箱盖用两层或三层玻璃板制成。另外，还可在箱边装上平面反射镜，以增强阳光照射的效果。

回转吸收式太阳灶的锅具固定，外箱可以旋转，用来对正阳光。在灶具的"窗口"四周装有平面反射镜，从而可增加阳光的收集面积。箱内四壁以绝缘材料密闭，而"窗口"采用两层玻璃。这样，灶的散失热量很少，从而在晴天1～2小时内，即可把锅加热到 150～200℃左右；即使天空出现云层，也可

反射面

俯视图   玻璃   门盖

保温材料

回转吸收式太阳能灶

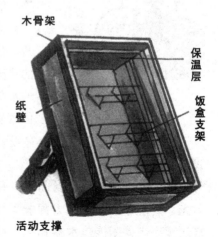

木骨架

保温层

纸壁

饭盒支架

活动支撑

箱式太阳灶

保持 100℃左右。

箱式太阳能灶适用于蒸、煮、焖各种食物，其优点是制作容易，操作方便，无需专人看管；缺点是做饭时间长，一般需 2～3 小时。

属于反射式太阳能灶的聚光型太阳能灶，是将太阳光直接反射并集中照射到锅上或食物上加热，锅底温度可达 400～500℃，适于煮、烧、炒等烹调操作。伞式太阳能灶是聚光型太阳能灶的主要类型之一。它的反

聚光型太阳能灶

射镜外形像把倒撑的伞，直径为 1.4～1.6 米。在气温 25℃的晴天情况下，烧开 3 千克的水仅需 20 分钟。这种太阳能灶的优点是制作方便，重量轻，维修容易，可成批连续生产。

伞式太阳能灶

还有一种用真空集热管与热箱结合而成的热管式太阳能灶。它的优点是可以在室内进行烹调烧饭，改善了操作条件。但由于热管只能供应蒸汽，所以它仅限于蒸、煮使用。

太阳能干燥器，是利用阳光的热能使物品中的水分或其他液体蒸发而达到预定干燥程度的装置。它主要有吸收式和间接式两种类型。

吸收式也叫做直接封闭式，是将物品在阳光下直接曝晒的一种太阳能干燥器。它和自然循环式太阳能热水器相似，都是用热箱来集热的。

热管式太阳能灶

直接封闭式太阳能干燥器示意图

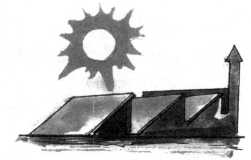

太阳能果品干燥机

间接式太能能干燥器，是利用热箱先将空气加热，然后用吹风机将热空气吹在需要干燥的物品上进行烘干。我国于 20 世纪 80 年代初制成的一种太阳能果品干燥机，就属于间接式太阳能干燥器，主要用于烘干荔枝等果品。它由空气集热器、鼓风机、回流管和温室等组成，其干燥温度可达 72℃。

冬暖夏凉的太阳房

太阳房可节约大量燃料和电力，使住房冬暖夏凉，适合人们的生活和工作。

通常，太阳房可分为主动式和被动式两类。

主动式太阳房的供热系统包括集热器、储热装置、管道，以及泵或风机等，它是根据建筑物的不同情况而设计的。这种太阳房的集热器在提供热源的同时以泵或风机推动循环，因而室内温度和热效率都较高，但安装设备复杂，造价高。

被动式太阳房不使用另外的太阳能集热器、风机或泵，而采用巧妙的建筑设计将太阳热能自然地引入屋内，供取暖和通风使用。

有太阳能温度调节墙的太阳房，是被动式太阳房的典型代表。温度调节墙由混凝土和砖石砌成，厚约 60 厘米，表面涂黑，外面有玻璃盖层。这堵墙设计巧妙，它同时具有集热器和储热器的作用。

美国建造了一种新型的被动式太阳房，叫做海氏太阳房。它的屋顶用瓦楞形钢板制

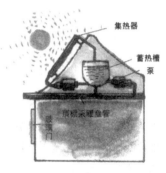

主动式太阳房的供热系统

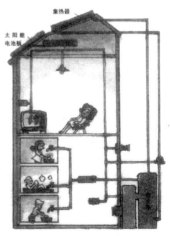

主动式太阳房

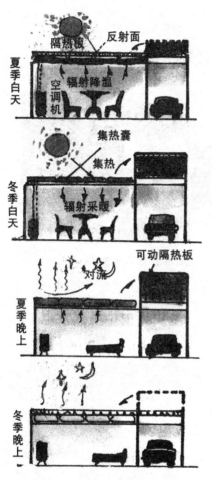

海氏太阳房

多佛太阳房

成,上面全铺装有水的大塑料袋,水深约 21.6 厘米。在塑料袋上装有可移动的隔热盖板。夏季时,白天用盖板盖住充水的塑料袋,使水保持低温,以吸收室内的热量;夜间打开盖板,排出塑料袋中的空气,使水温下降。冬季时,正好和夏季相反,即白天打开隔热盖板,让阳光照在水袋上,使水加热;晚上,用盖板盖严水袋,让水袋里的热量向室内释放供暖。这种太阳房的结构简单,容易制作,造价低,但移动盖板较麻烦。

美国在多佛市还建成了一种被动式太阳房,叫做多佛太阳房。它的第二层楼地板以上的整个南面布满了用双层玻璃制成的空气集热器,面积约 67 平方米。每个吸热板的面积为 4 平方米。两块玻璃之间有 19 毫米的空气间隙。用涂黑漆的镀锌钢板制作的吸热板装在空气间隙中。当玻璃之间的空气被加热后就送到储热箱中,用这些热量足够供整个楼房冬天采暖使用。

日本建造了一座没有窗户的太阳房。它的巧妙之处是在楼房的每个房

间安装了一条由 37 根光纤组
成的光缆，光缆的一端开口和
楼顶上的向日镜焦点重合在一
起。这样，光纤就把楼顶上向
日镜收集的阳光像电流一样通
到每个房间，将房间照得如同
白天一样，其亮度相当于一盏
100 瓦的电灯。

没有窗户的太阳房

奇妙的太阳能电站

太阳能电站是将太阳光转变成热能，然后再通过机械装置转变成电能，因而它也叫做太阳能热电站。

塔式太阳能热电站

太阳能热电站多采用集中型塔式发电方式，即布置许多宽大的反射镜，按照不同的倾角将太阳光集聚到中央一个高大的塔顶装置的集热器上。所集聚的阳光形成比原来强 200 至 1 000 倍的强光，用它照射在集热器上，将集热器内的水或油或者熔融状的盐加热，再用这些传热介质加热蒸汽锅炉，产生高压蒸汽，推动汽轮发电机组发电。

1980 年，在意大利西西里岛建成了世界上第一座功率为 1 000 千瓦的太阳能热电站。它采用了 180 面大反射镜，镜面总面积达 6 200 平方米。利用电子计算机控制和调整镜面的角度，使镜面反射的阳光都集中到 55 米高的中央塔顶上，可得到 500℃的高压蒸汽，用来推动汽轮发电机组发电。

与太阳能热电站发电原理不同的还有一种太阳能气流电站。说来有趣，这种于

太阳能气流电站

20 世纪 80 年代初创建的电站有一个大烟囱。不过，它不是用来排烟的，而是用来排空气的。

太阳能池塘电站

这个大烟囱是用薄钢板卷制成的，直径达 10.3 米，高 200 米，重约 200 吨。它竖立在一个巨大的环形曲面塑料大棚的中间，在它的底部装着气轮发电机。大棚的中央部分高约 8 米，边沿高 2 米，圆周长 252 米，是在金属骨架上装塑料板而制成的。

当阳光透过半透明的塑料大棚将棚内空气加热后，其温度比棚外空气高约 20℃。由于空气热升冷降的原因，再加上大烟囱的抽吸作用，就使热空气以 20～60 米/秒的高速从烟囱排出，从而驱使烟囱底部的气轮发电机发电。白天它的发电能力为 100 兆瓦，晚间为 40 千瓦。

水平如镜的池塘也能用来发电，这是以色列科学家创造的奇迹。他们于 1979 年在死海附近建造了世界上第一座太阳能池塘电站，功率达 150 千瓦。

池塘的水经太阳照射后就会产生上下对流，即热水上升，冷水下沉。夜间，池塘表面的水先冷却，密度大而下沉；而下面的水温度高、密度小就上升，从而使池水温度达到一致。如果向池中加入盐后，表面的水温度即使下降也不下沉，因为下层池水含盐量高，密度大，不会上浮。这样，池塘底的水温就会越积越高。若用泵将池底的热水抽出来加热沸点低的氟里昂液体，当这种液体气化后就可推动气轮发电机发电。与此同时，再用池塘上层的冷水将用过的氟里昂气体冷凝成液体，供循环使用。这就是池塘可发电的奥秘所在。

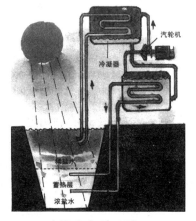

池塘发电原理图

太阳能高温炉与热管

太阳能高温炉所聚集的阳光不仅能用来取暖和发电，而且还可以熔炼金属与合金。法国人特朗布于 1970 年利用探照灯的凹面镜聚光原理，在法国南部的比利牛斯山中修建了一座巨型的太阳能高温炉。

这座太阳能高温炉有 9 层楼房高，其巨大的凹面反射镜（直径 50 米）是由 9 000 块小玻璃反射镜排列组成的，面积达 2 500 平方米。

反射镜和安装在光斑（即焦斑）

法国太阳能高温炉

上的炉子都是固定不动的，而由装在对面山坡上的 63 组（每组 180 块镜片）巨型平面反光镜的转动来自动跟踪太阳。反光镜将太阳光反射到凹面反射镜上，经聚光后形成直径为 30～60 厘米的光斑。光斑的温度最高可达 3 200℃，完全可将铜、铁等金属熔化。

实际上，早在 20 世纪 50 年代初期，特朗布就在法国比利牛斯山上建造了世界上第一座功率为 75 千瓦的大型太阳能冶炼炉，并为参加太阳能学术会议的代表进行了熔

安装在山坡上的高温炉的反光镜

炼高熔点金属的精彩表演。

当时，焦斑处的温度达到 3 000℃以上，用来熔炼金属锆的原料二氧化锆。

特朗布所建的这座巨型太阳能高温炉，每天可治炼 2.5 吨锆，其纯度比用一般电弧炉熔炼的锆还高。

热管，通常又叫做真空集热管。它是 20 世纪 60 年代研制成的一种利用太阳能的新型装置。在结构原理上，热管与常用的热水瓶相似，即将吸热管密封于抽成真空的透明玻璃管中，既能巧妙

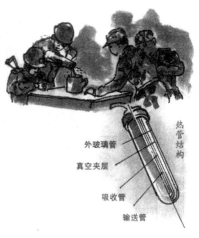

热管结构
外玻璃管
真空夹层
吸收管
输送管

用热管烧开水沏茶

地保存热能不致散失，又因涂有吸热层而能充分地吸收阳光的热能，因而集聚阳光热能的本领很强，即使在阳光很微弱的严冬季节，它也能达到很高的温度，比一般的太阳能集热器强多了。

人们曾做过这样的实验：在我国北方零下十多摄氏度的冬天，科技人员将盛装冷水的热管（有 1 米多长）放在雪地上。过了约 3 个小时，热管中的水竟沸腾了，人们用它冲出了香喷喷的热茶。

热管有一个透明的玻璃管壳，里面封装着一个能盛装液体或气体的吸热管。两管之间抽成真空。这样，在吸热管周围形成真空绝缘层。在吸热管上涂有吸热层，能使光能转变成热能。另外，

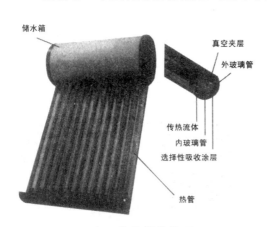

储水箱
真空夹层
外玻璃管
传热流体
内玻璃管
选择性吸收涂层
热管

太阳能热管集热器

热管

并联装在屋顶的热管

在玻璃管壳内壁上镀有半圆形反光镀层，用来将阳光汇聚到吸热管上。

太阳能热管的优点是，集热性能好，拆装方便，使用寿命长。它可以单个使用，也可用串联或并联的方式将几十支热管装在一起使用。美国有一处屋顶，面积约800平方米，竟排列着8 000支热管，看起来很为壮观。这些热管在一天之内可提供大量的热水。目前，热管已广泛用于海水淡化、采暖、制冷、烹调等多方面。

我国清华大学与北京玻璃仪器厂于1979年制成了国内第一支太阳能热管，并建成热管生产线。计划到21世纪初，将建成产值达10亿元的世界一流的高技术产业。

以光变电的太阳能电池

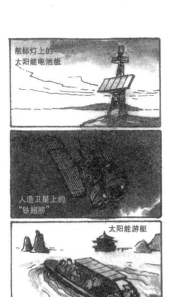

航标灯上的太阳能电池板

人造卫星上的"铁翅膀"

太阳能游艇

太阳能汽车

太阳能电话

太阳能电池是将阳光直接变成电能的一种电源装置，目前已得到广泛的应用。如人造卫星和宇宙飞船上的巨大铁翅膀，太阳能汽车上安装的大顶篷，太阳能游艇上架着的长方形大平板，高速公路旁电话亭上安装的小平板……都是安装的太阳能电池板。

这种使用方便的电池，是利用"光生伏打效应"的原理制成的。而"光生伏打效应"是1876年英国有两位科学家在研究半导体材料硒时，偶然发现硒经过阳光的照射后，竟

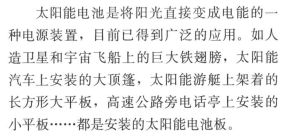

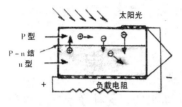

硅太阳能电池结构

太阳能电池黑光灯

能像伏打电池那样产生电流。他们将这种现象称为"光生伏打效应"。当时由于硒产生的光电效应很弱，光变电的效率很低（仅为1%左右），因而没有什么实用价值。

后来到1954年，美国贝尔实验室在研究半导体硅时发现，当往硅中掺入一定微量杂质后，光电效应非常明显，光转变成电的效率也大为提高，达到了10%左右。贝尔实验室的研究人员随即把硅晶体切成薄片，在硅片的正面和背面分别涂上少量的硼和砷，并各引出一个电极，就制成了世界上第一个光生伏打电池。当电池受阳光照射后，硅片涂硼一侧产生正电，而涂砷的一侧产生负电，将两个电极连通后，就可产生电流。

这是为什么呢？

大家知道，任何物质的原子是由带正电的原子核和带负电的电子组成的。电子按照一定的轨道绕原子核旋转。例如硅原子的外层有4个电子，它们有自己固定的轨道。当阳光照射硅原子时，这些外层电子在太阳光能的帮助下，就会摆脱原子核的束缚而成为自由电子，并同时在它原来的地方留出一个称为"空穴"的空位。由于电子带负电，空穴就相对带正电。如果在硅晶体中掺入能俘获电子的硼、镓、铝等杂质元素，那么硅晶体就成了空穴型半导体，通常用符号p来表示；若在硅晶体中掺入能施放电子的磷、砷、锑等杂质元素，硅晶体就成了电子型半导体，常用符号n表示。若把这两种半导体结合在一起，由于电子和空穴的相互扩散，就在交界面处形成了p-n结，并在结的两边建立了电场。

当阳光照射p-n结时，半导体内的原子由于获得光能便释放电子，于是便产生了能相互移动的电子——空穴对，并在电场作用下将电子驱向

n 型区，而把空穴赶向 p 型区，结果就在 n 型和 p 型区之间产生电动势，出现光生伏打效应。

单个太阳能电池不能直接作为电源使用。在实际应用中是将几片或几十片单个的太阳能电池串联或并联起来，组成太阳能电池方阵。

下图所示是利用太阳能电池制成的太阳能净水器。这种净水器外表呈碟形，其直径达 10 米，上面装置的太阳能电池板（方阵）能产生多达 5 千瓦的能量，用来将水泵人过滤器和吸收器，并给水换孔。晴天里，这个净化器可去除多达 36 吨的磷酸盐和其他污染物。它是由日本电报电话公司研制成的新型净水器。

太阳能电池板　　太阳能净水器

前景诱人的潮汐发电

海水按时一涨一落，就好像大海在进行着有节奏的呼吸一样，而且天天如此，常年不变。在科学上，将海水白天涨落叫潮，晚上涨落叫汐，合称为潮汐。

海洋的潮汐，是由于月亮、太阳对地球上海水的吸引力和地球自转而引起海水周期性、有节奏的垂直涨落形成的。月亮绕地球旋转，它把地球上的海水吸向靠近自己的一边，而地球由于不断自转而产生的离心力又将海水推向离开地球球心的方向。在这种情况下，对着月

地球和月球相互吸引产生潮汐

亮一边的海水由于离月亮比较近，受到的吸引力比离心力大，结果海水被吸得鼓向月亮一方；而背离月亮一边的海水离月亮较远，吸引力比离心力小，海水便鼓向相反的方向。此时，地球上的海水向两头鼓出来，而中间部分自然就凹进去了。这鼓出来的海水就形成了涨潮，而凹进去的海水便是落潮。

我国江厦潮汐发电站

海水的潮汐中蕴藏着巨大的能量。据计算，如果将地球上的潮汐能都利用起来，每年可发电 334 800 000 万亿度，因而人们将潮汐能称为"蓝色的煤海"。

潮汐发电原理

1912 年，德国在布苏姆建成了世界上第一座潮汐发电站。此后，法国、加拿大等国都建成了潮汐电站。目前，以法国的朗斯潮汐电站为最大，其总装机容量达 24 万千瓦。我国先后在广东、上海、福建、浙江、山东和江苏等地建造了数十座小型潮汐发电站，1980 年设计建造的浙江温岭县江厦潮汐发电站，其总装机容量为 3 000 千瓦。

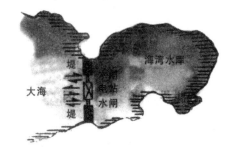

潮汐发电站（单库双向式）

潮汐发电就是利用海水涨落的力量推动水轮机转动，使潮汐能变成机械能，然后再由水轮机带动发电机转变成电能。

由于深海大洋中的潮差（涨落时的水位落差）小，通常都将潮汐电站建在潮差较大的浅海、海湾和河口等处。

双库单向式潮汐电站

潮汐电站的主要优点：一是不占用耕地和良田；二是发电不受洪水和枯水期影响，也不污染环境；三是堤坝较低，容易建造，投资也较少。潮汐电站通常有三种类型：

(1) **单库单向电站** 在河口湾处修建水坝，将河口与海湾隔开，在河口内形成一个水库。涨潮时，将进水闸打开，使潮水引蓄在水库内；退潮时，将排水闸打开，使库内的存水通过水轮机排出，从而驱动水轮发电机发电。

（2）**单库双向电站**　它也只有一个水库，但涨潮和落潮时均能发电。我国江厦潮汐电站就采用这种类型。这种电站发电时间长，但结构较复杂。

（3）**双库单向电站**　它有两座毗邻水库，一个水库仅在涨潮时开闸进水（上水库），另一个水库（下水库）只在落潮时开闸放水。这样上水库水位始终高于下水库，因而可全日连续发电。

单库单向潮汐电站的优点是建筑物和发电设备的结构简单，投资少；其缺点是只能在涨潮或落潮时发电，发电量少，发电时间也较短。单库双向潮汐电站虽然也只有一个水库，但由于它使用了一种新型水轮发电机组（这种水轮机既可顺转，也可以倒转，并配有可正反转的发电机），所以它在正反向运行时都可发电，即在海潮的一次涨落中可发电两次。双库单向潮汐电站由于有两个水库，因而可以24小时连续发电。

海洋大力士——海浪

海浪可说是位本领出众的大力士。它本身的高度虽然一般不超过20米，可是冲击海岸时却能激起六七十米高的浪花水柱。这浪花犹如一把利剑，曾将斯里兰卡海岸上一个60米高处的灯塔击碎，还把法国契波格海港的3吨半的重物抛过60米的高墙，甚至在1952年将一艘正在航行的美国轮船劈成两半……

由此可知，海浪中蕴藏着巨大的能量。据测试，海浪对海岸的冲击力达每平方米20～30吨，最大甚至达60吨。当海浪波高3米时，10平方千米海面的海浪所具有的波浪能，就相当于我国新安江水电站所具有的电能——66万千瓦。

1964年，日本制成了世界上第一个海浪发电装置——航标灯。虽然它的发电能力仅为60瓦，然而却开创了人类利用海浪发电的新纪元。

利用海浪发电，既不消耗任何

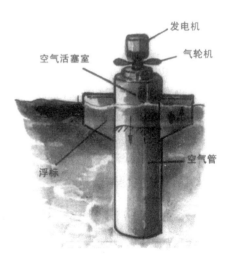

浮标式海浪发电装置

固定式海浪发电装置

燃料和资源，又不产生任何污染，而且还不占用土地，只要有海浪就能发电，因而特别适合于那些无法架设电线的沿海小岛使用。

当前，较实用的海浪发电装置有以下几种：

（1）**浮标式海浪发电装置**　日本制成的海浪发电航标灯，用的就是这种发电装置。它的空气管内的水面（相当于一只活塞）是相对静止的，而波浪造成浮标的上下运动。在浮标上下运动时，浮标体内空气活塞室里的空气就被水面这个"活塞"压缩和扩张，从而使空气从空气活塞室中冲出去，推动气轮机旋转，从而带动发电机发电。

（2）**固定式海浪发电装置**　这种海浪发电装置是将空气活塞室固定在海岸边。它不用浮标，而是通过中央管道内水面的上下升降代替浮标的上下，使空气活塞室的空气压缩和扩张，从而推动气轮发电机发电。

（3）**气袋式海浪发电装置**　它是一个长200多米、高14米的大气袋，里面装有气轮发电机。当海浪涌来时，气袋就被压扁了，空气受压后跑到气轮发电机里推动机器发电，然后又去充满气袋浮出水面的部分。由于气袋很长，总有一部分在充气或被压缩，因而可推动发电机连续发电。

气袋式海浪发电装置

点头鸭式海浪发电装置

（4）**点头鸭式海浪发电装置** 英国制成的一种凸轮式发电装置。它是将许多凸轮并成一排，中间用一根长管串起来，漂浮于海面上随波浪上下起伏跳动，就像在水上游动的一排鸭子不断点着头一样。而每一个凸轮都是一个小型水泵，随着波浪的冲击，一上一下地压水，产生的高压水通过中间的长管推动水轮机旋转，从而带动发电机发电。

奇特的海流发电

海流，就是海洋中的河流。

茫茫大海之中，除了潮水涨落和波浪的上下起伏之外，还有一部分海水经常是朝着一定的方向流动，犹如人体中流动着的血液，在海洋中长年不息地默默奔流着，它就是海流。

大洋深海环流图

通常海流可长达数千千米，比长江、黄河还要长；而宽度比陆地上的河流大多了，约为长江宽度的几十倍甚至上百倍。海流的速度比较小，一般为每小时 1～2 海里或 4～5 海里。

深海大洋里的海流总是首尾相连，形成圆形环流，所以也叫做"大洋

大洋环流图

海流形成示意图

环流"。

从大洋环流图上可以看到，北太平洋和北大西洋的环流方向是顺时针方向旋转的，而南太平洋、南大西洋和南印度洋则是逆时针方向环流的。南北界限分明，环流各行其道。

海流主要是由于风的吹袭和海水密度不同而产生的。海面上有冷水域和热水域，冷水密度大而下沉，形成对流现象，加之风在海面上吹拂，就形成了海流。海流和陆地上的河流一样，蕴藏着巨大的能量，可用来发电。

花环式海流发电站

利用海流发电既不受洪水的威胁，又不受枯水季节的影响，比陆地上河流发电优越得多。

驳船式海流发电站

海流发电和一般水力发电相似，即用水轮机带动发动机发电。海流发电站又分花环式、驳船式和伞式三种。

(1) **花环式海流发电站**　由一串螺旋桨组成，其两端固定在浮筒上，浮筒里装有发电机。它迎着海流的方向漂浮在海面上，就像献给客人的花环一样。由于海流的冲击，螺旋桨便转动起来，从而带动发电机发电。采用一串螺旋桨，主要是因为海流速度低，单位体积内的能量小的缘故。它一般只能为灯塔和灯船等提供电力。

(2) **驳船式海流发电站**　这种海流发电站的发电能力比花环式发电装置大多了。发电能力为5万千瓦。它实际上就是一艘船，在船舷两侧装着巨大的水轮，在海流推动下不断地转动，并带动发电机发电。所发出的电力通过海底电缆送到岸上。

(3) **伞式海流发电站**　它是20世纪70年代末由美国人斯蒂尔曼研制

成的。斯荨尔曼将 50 个降落伞串在一根 127 米长的绳子上来集聚海流的能量。绳子的两端相连，并套在锚泊在海流里的船尾的两个滑轮上。降落伞的直径约 0.5 米，逆向置于海流之中。它们就像风把伞吹胀撑开一样，顺海流方向运动起来，而拴着降落伞的绳子又带动船上的两个滑轮转动，与轮子相连的发电机也就旋转而发出电来。这种发电装置可发电 3 万千瓦。

伞式海流发电站

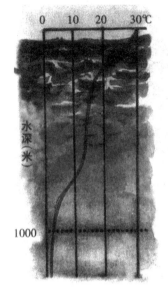

海水深度与温差

海水温差与盐浓度差发电

海水温度随着海洋深度的增加而降低，这是因为太阳辐射无法透射到 400 米以下的海水。海洋表层的海水 与 深 500 米处的海水，温度相差可达 20℃

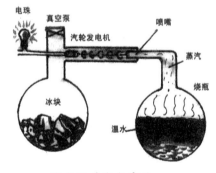

海水温差发电实验

以上。海洋中上下层水温的差异，蕴藏着一定的能量，叫做海水温差能或海洋热能。利用海水温差能发电叫做海水温差发电。

早在 20 世纪 20 年代，法国物理学家克劳德就开始研究海水温差发电。他用两个烧瓶进行实验。其中一个烧瓶里加入 28℃温水（相当于海洋表层水温），另一个烧瓶里放入冰块，并保持温度为 0℃（代表海洋深层水温）。接着，他用真空泵将盛温水的烧瓶内的压力抽到 0.038 千克/厘米^2（≈3.8 千帕）。由于液体的沸点是随液面上的压强减小而降低，因此烧瓶中的温水在低压下便沸腾起来。如果使

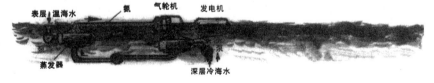

海水温差发电示意图

漂浮在海中的海水温差发电站

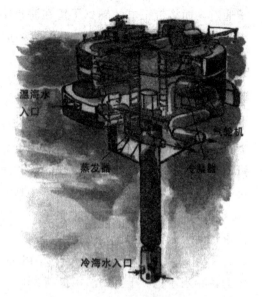

温海水入口
气轮机
蒸发器
冷凝器
冷海水入口

浮标式海水温差发电站

烧瓶内蒸发的水蒸气经过喷嘴喷出，就能推动汽轮发电机发电。

1960年，美国安迪生父子对克劳德的海水温差发电装置进行改进，主要是将温海水改用加热低沸点的液体（如氨水、氟里昂、丙烷等），用所产生的蒸气推动气轮机，而不是用温热水的蒸汽来推动汽轮机。然后用深层冷海水冷凝低沸点液体的气体，供循环使用。这样一改，推动气轮机的蒸汽比原来的温海水的蒸汽强劲得多，使海水温差发电进入了实用化阶段。

1979年，美国科学家根据安迪生父子的设计原理在夏威夷海面上建成一座容量为50千瓦的海水温差电站。这座小型漂浮电站使用氨蒸气来推动气轮机。用来凝集氨气的冷水，是在750米以下的深海中抽取的。为了缩短冷水管长度，将发电站安置在巨大的浮筒内，让它漂浮在海中发电。

此外，海水中平均含盐量达3.5％，利用化学中浓差电池的原理，可将海水盐浓度差所具有的能量转变成电能，这就是海水盐浓度差发电。

海水盐浓度差发电的原理是用离子交换膜将两个连通的容器隔开，容器内分别注入淡水和海水，然后插上电极。由于交换膜只让带负电的氯离子通过，而将带正电的钠离子留在海水中，结果在两极间产生电压（约0.1伏）。接通电路，就会有较弱的电流通过。

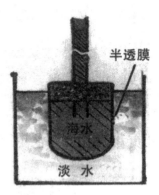

海水盐差渗透压发电原理

利用海水的盐浓度，还可进行海水盐浓度差渗透压发电。海水盐浓度差渗透压发电的原理，是在淡水中插入一个由塑料薄膜制成的容器，里面盛装海水。由于薄膜只允许水分子通过，而不让海水中的氯化钠（即盐）分子通过。结果，淡水便不断透过薄膜渗入到装有海水的容器中，使海水的压力越来越大，海水水位也逐渐上升。这种压力叫做渗透压力，其值相当大。据实验可知，在水温为20℃时，平均1升海水具有2.48兆帕（24.8个标准大气压）的渗透压力，相当于把1千克的淡水提高256.2米所需的压力。它是一种能量，可通过发电装置用来发电。

能源时代的新"火种"——核能

从 1905 年爱因斯坦提出著名的质量和能量关系式（$E = mc^2$），到 1938 年德国科学家哈恩等发现铀原子核裂变反应，1942 年第一个核反应堆创建，人类终于敲开了小小原子王国神秘的大门，找到了一个新"火种"——核能。

铀与煤放出能量的比较

核能是指由原子核内释放出来的巨大能量。1 克铀原子核裂变时所放出的能量，相当于燃烧 2.5 吨优质煤所得到的热能。而这种核能是用核燃料通过核反应所产生的能量。

原子核由带正电的质子和不带电的中子构成。质子和中子统称为核子。如果在某种条件下原子核内的质子和中子发生了变化，那么它们之间的核力也会相应地发生改变，并把一部分能量释放出来。这种由核子结合成原子核释放出的能量，称为原子核的结合能或原子核能，也就是通常所说的核能。

原子核能和一般燃料释放的能量不同。煤在燃烧时只是碳原子和氧原子的核外电子进行相互交换，生成二氧化碳分子。这种

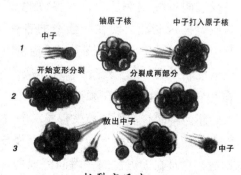

核裂变反应

变化是一种化学变化，放出的是化学能。而核裂变放出的能是原子核内发生了变化，这种能比化学能大得多。

为什么核能比化学能大很多？为什么原子核蕴藏着巨大的能量？原来由分散的核子（质子和中子）集合起来形成原子核时，人们发现原子核的质量小于核内所含的质子和中子加在一起得出的质量数，出现了质量亏损。科学家们根据质能关系式推出，这部分损失的质量转化成能量（结合能）储存在原子核内，即 E（结合能）$= \Delta m$（质量亏损）$\times c^2$（光速平方）。由于光速的平方是一个非常大的数值，因此，这也就揭示出原子核内藏有巨能的秘密了。

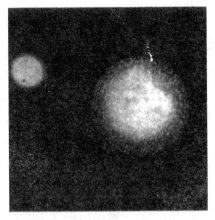

中国首次氢爆炸试验的火球
左上方亮点为太阳

目前，使原子核内蕴藏的巨大能量释放出来，主要有核裂变和核聚变两种方式。

将较重的原子核打碎，使其分裂成两半，同时释放出大量的能量，这种反应叫做核裂变反应，所释放的能量叫做核裂变能。现在所建造的各种核电站，就是采用这种核裂变反应的。引人注目的是，核裂变反应首先应用在军事上，这就是原子弹爆炸。

氢弹爆炸时的蘑菇云

将两种较轻的原子核聚合成一个较重的原子核，同时释放出比核裂变更多的能量，这种核反应叫做核聚变反应。氢弹爆炸就属于核聚变反应。不过，它是在极短暂的一瞬间完成的，人们目前尚无法控制使用其能量。可喜的是，受控核聚变反应的研究已经取得了一些进展。例如，由欧洲14

个国家组成的欧洲联合核聚变实验室于 1991 年 11 月成功地进行了受控核聚变试验，在持续 2 秒的脉冲反应中获得了相当于 1.5 兆瓦至 2 兆瓦电力的能量，为人类利用核聚变能开创了新纪元。

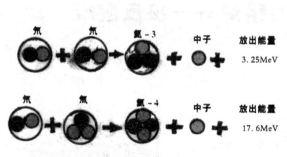

核聚变反应

核电站的锅炉——核反应堆

人类和平利用核能，首先是从研究核裂变反应开始的。

当用中子轰击铀原子核时，铀核就分裂成两块，同时放出2～3个中子和巨大的能量。而这些中子又使别的铀核发生裂变，从而产生出更多的中子。于是像滚雪球一样，在极短的时间内使许许多多的原子核相继产生分裂。这就是通常所说的"链式反应"。

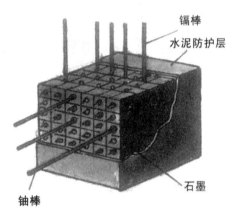

核反应堆结构

链式反应是在极短暂的时间内发生的。为了使核能能按照人们的需要平缓地释放出来，人们建造了原子核反应堆。它实际上就相当于核电站的

中国第一座核电站——秦山核电站

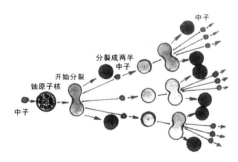

链式反应

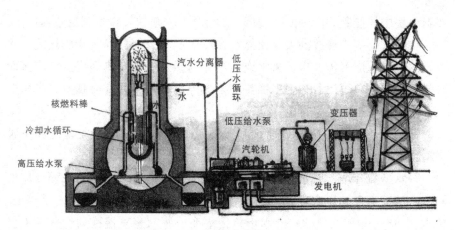

轻水型反应堆

锅炉。

天然铀主要是由像兄弟一样的同位素铀235和铀238组成的。铀238不吸收速度较慢的中子，而铀235只能与速度慢的中子发生作用。

铀235裂变时产生速度很快的快中子，它们容易被天然铀中含量高的铀238俘获而不发生裂变，从而使链式反应停止。因此，必须想办法降低中子的速度。

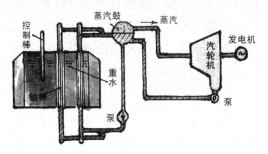

重水型反应堆

在核反应堆中，常采用石墨或重水作为减速剂来降低中子的速度。具体做法是将铀棒放置在石墨块的孔隙中。当铀235裂变产生的快中子进入石墨后，就与石墨的原子核发生相互碰撞，结果就使快中子变为慢中子。另外，如果中子太多，也会使链式反应遭到破坏，这可通过插

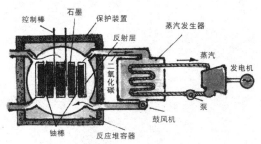

石墨气冷反应堆

在石墨块中的能吸收中子的控制棒（如镉棒）来解决，以控制反应速度。

在链式反应中释放的大量核能，在反应堆中大部分都转变成热能。然后，用二氧化碳气体、水、重水或液态金属钠等作为载热剂流过反应区而将热量带出来，再以载热剂来加热交换器中的水，使其变成高温、高压蒸汽，推动汽轮发电机组发电。

按照核反应堆所用的减速剂和载热剂的不同，核反应堆有这样三种类型：

轻水型反应堆　以水作为载热剂和减速剂。通常又分为压水型反应堆和沸水型反应堆。压水堆是将作为载热剂的水以较高的压力送入反应堆，使水在 300℃也不会气化；沸水堆是把水变成蒸汽来直接推动汽轮发电机发电，省去了热交换器。

重水型反应堆　用重水做减速剂，而用普通水做载热剂。重水是重氢（即氘）与氧的化合物，又称氧化氘 D_2O。由于重水既能减弱快中子速度，而且吸收中子少，所以可直接使用天然铀做燃料，节省铀燃料。

石墨气冷反应堆　用二氧化碳（或氦气）做载热剂，用石墨做减速剂，其优点是可用天然铀做燃料。

燃料越烧越多的魔炉——"快堆"

在核电站锅炉——核反应堆的家族中,有一个特殊成员,它既不需要减速剂,而且更为奇特的是,所用的核燃料越"烧"越多,简直可说是个魔炉。它就是快中子增殖反应堆,简称"快堆"。

在一般锅炉里燃烧的燃料,如煤、燃油等都是越烧越少,而"快堆"里的核燃料为何越烧越多呢?

原来,在核反应堆中铀235遇到减速后的慢中子就会发生裂变反应,使链式反应继续下去;而铀238遇到慢中子大都不发生裂变。通常将铀238作为核电站的废料处理,积压量很大。但是,铀238对快中子却能发生作用,吸收快中子后可变成钚239。

快堆中用的核燃料是钚239,而钚239发生裂变时放出来的快中子会被装在反应区周围的铀238吸收,又变成钚239。这就是说,在核锅炉中一边"烧"掉钚239,又一边使铀238转变成新的钚239,而且新产生的钚239比烧掉的还多,从而使"快堆"的燃料越"烧"越多。这样,在快中子增殖反应堆中就不需要用来降低中子速度的减速剂,而且还会使核燃料不断增多。

"快堆"能增殖核燃料的奇特本领,可将铀燃料资源的利用率提高50~60倍。

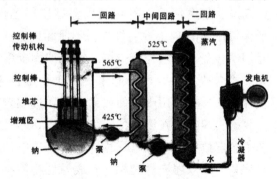

钠冷快堆核电站原理

一座"快堆"核电站，在5～15年的时间内可使燃料数量翻一番。更使人感兴趣的是，"快堆"能充分利用其他反应堆产生的大量铀238废料，解决大量核废料难以处理的问题。

通过建造"快堆"核电站，既能用核废料铀238发电，又能增殖燃料。因此，"快堆"被人们称为"明天的核电站锅炉"。

由于核电站所用燃料具有一定的放射性，特别是1986年4月前苏联的切尔诺贝利核电站发生事故后，已引起人们的关注，不少人担心核电这个"核老虎"会伤人。然而实践证明，核能是个安全可靠、清洁干净的新能源。核电站正常运行时，一年给居民带来的放射性影响还不到一次X光透视所放出的剂量。

为了防止核反应堆里的放射性物质泄漏出来，人们给核电站设置了4道屏障：一是对核燃料芯块进行处理，拔掉它的"核牙齿"，采用耐高温、耐腐蚀的二氧化铀陶瓷型燃料芯堆，能保留住98％以上放射性物质不泄漏出去；二是用锆合金制作包壳管，将二氧化铀陶瓷型芯块装进包壳管内，叠垒起来，就成了燃料棒，能保证在长期使用中不使放射性物质逸出；三是将燃料棒封闭在严密的压力容器内；四是把压力容器放在安全壳厂房内。通常，核电站的厂房均采用双层壳件结构，对放射性物质有很强的防护作用。

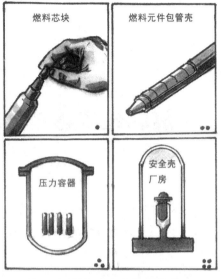

防止放射性泄漏的四道屏障

核反应堆内构件整体吊装

　　事实表明，核电站的这些层层屏障是十分可靠和有效的。1979 年 3 月美国三里岛核电站发生重大的事故，并没有对环境和居民造成危害和伤亡。实际上，与人们的印象和直观感觉正相反，核电站的危险性比风能、煤炭、石油等在开发使用中的危险性低得多。因此，使用核电是很安全的，这已为多年的使用实践所证明。

风采各异的核电站

从 1954 年世界上第一座核电站问世以来，核电站迅速发展，目前已有 30 多个国家建成了约 500 多座核电站，而且人们还根据不同的需要在海上、海底和太空建造核电站。

防波堤用的星状钢筋混凝土桩

海上核电站 在海上建造核电站有着独特的优点：其一是核电站的造价比陆地上的低；其二是核电站的站址选择余地大，不必考虑地震、地质和居民稠密区等条件；其三是海上的工作条件几乎到处都一样，因而核电站可以像加工产品一样，按标准化要求以流水线作业方式大量建造，以便降低成本和缩短建造时间。

美国于 1982 年开始建造的海上核电站，是一座漂浮在海上的核电站，外形像一个环形小岛。它以铁制浮动箱为基座。浮动箱浮出水面 3 米，而有 9 米处于水下。电站外围的环形围墙是用来防止海潮和海浪冲击的防波堤。防波堤采用 1.7 万个星状的钢筋混凝土桩堆垒而成的。在堤上建有水闸，以便使海水进入核电站周围，作为反应堆

海上核电站

太空核反应堆结构

带核反应堆的人造卫星

的冷却用水。这种核电站可先在海港内建造，然后用大轮船像拖驳船一样拖向浅海区或海湾附近。

海底核电站　在勘探和开采海底的石油和天然气时，如果在采油平台的海底附近建造海底核电站，就可轻而易举地将电力送往采油平台，并为其他远洋作业设施提供廉价的电源。

海底核电站在发电原理上与陆地上的核电站是基本相同的，但海底核电站的工作条件要比陆地上的核电站苛刻得多：一是它的所有零部件要能承受住几百米深的海水施加的巨大压力；二是要求所有设备密封性好，达到滴水不漏的程度；三是各种设备和零件都具有较好的耐海水腐蚀的能力。因此，海底核电站所用的反应堆都安装在耐压的堆舱里，而气轮发电机则密封在耐压舱内。

海底核电站通常在海面上安装，然后将整个核电站沉入海底，坐落在预先铺好的海底地基上。当核电站连续运行数年后，将它浮出海面，再由海轮拖到附近海滨基地检修和更换堆料。

海底核电站

太空核电站　这种核电站实际上是将核反应堆装在太空飞行器上，以便为人造卫星、飞船等提供重量轻、性能可靠和使用寿命长的电能。

太空核反应堆的突出特点是，体积小，轻便实用。这种核反应堆连同控制装置，约像 2 千克重的小西瓜那样大。反应堆运行中产生的热能，是利用热离子二极管转换成电能的，其能量转换效率较高。太空核反应堆的电功率可达 500 瓦至几千瓦，甚至可高达上百万瓦。

干净、经济的核能供热

目前，在我国常规能源的消耗量中，用来发电的部分只占 25%，而用来供热的部分却占 70%，其中主要消耗的燃料是煤炭。这样，一方面增加了交通运输负担，另一方面又对环境造成了严重污染。因此，利用核能代替煤炭等矿物燃料供热，是今后能源开发利用的趋向之一。

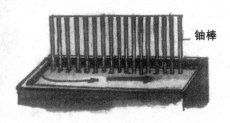

铀棒

低热核供热反应堆

按供热温度的不同，可分为低温核供热、中温核供热和高温核供热。

低温核供热一般是指供热温度在 150 摄氏度以下的核供热系统。无论是工业生产，还是日常生活，这一温度范围的用户最多，用量也最大，约占热量总消耗量的一半。

低温核供热反应堆不发电，只供热。它的特点是结构简单，造价低，安全性好。这种反应堆外形像个埋在地下的大水池子，水深二十多米，池子里插着几百束铀棒。纯净的水就从铀棒之间流过，被加热到 100 多摄氏度，再用泵把热水抽出来，经过换热器将热量传给通向用户的热水系统，供给用户使用。一座 200 兆瓦的低温核供热反应堆，每年可代替 30 万吨煤，并能免除有害气体、烟尘等的污染。

1990 年 9 月 19 日，我国研制成功 5 兆瓦低温核供热反应堆。它也是世界上第一座投入运行的低温核供热堆。

中温核供热是指供热温度在 150～300 摄氏度的范围内，主要用在纺

我国 5 兆瓦低温核供热反应堆

织、造纸、化工和制药等部门。高温气冷核反应堆和普通核热电站都能提供中温核供热。

　　然而，目前这种普通核热电站的数量较少，主要是因为它需要铺设很长的输热管道，不仅投资大，热损失也较大。另外，还得安装发电和供热两套设备，增加了总投资。因此，将普通核电站改建成核热电站，规模越大越经济，通常在 300 万千瓦比较理想。

　　高温核供热提供的热源温度较高（300 摄氏度以上），其使用的核反应堆典型代表是高温气冷反应堆。我国第一座 10 兆瓦的高温气冷实验堆已于

制药厂
造纸厂
纺织厂
化工厂

中温核供热反应堆

1995 年 6 月在清华大学建造。

　　高温气冷堆的冷却剂为氦气。它输出的氦气温度可达 900 多摄氏度，再进入蒸汽发生器，把热量传给水，可获得 500 多摄氏度的高压水蒸气。这种

高温核供热反应堆

高温气体可用在油田热开采、炼油厂催化和裂解、分解水制取氢等。

核聚变与试管中的"太阳"

核聚变是将轻原子核聚合成较重的原子核的核反应，它所产生的能量比核裂变反应大得多。例如，将 1 克氢全部聚合为氦，它在聚变过程中所放出的热能使 400 吨的冰完全变成水蒸气。

核聚变反应时，需要把核燃料加热到几千万度甚至上亿度的高温，使原子核获得极大的动能，

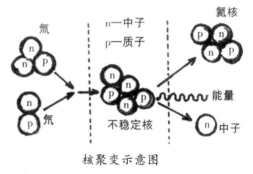

核聚变示意图

从而在相互之间发生猛烈的碰撞和压缩，然后才能产生核聚变反应。

要使核聚变反应作为能源为人类服务，就要求核聚变产生的能量能均匀地释放出来，也就是进行受控核聚变反应。

实现受控核聚变反应，一条途径是利用等离子体的方法，即用强大的电流向核聚变气体燃料放电，可产生几百万度至上亿度的高温，同时使气体核燃料分离成带正电和带负

美国普林斯顿大学托卡马克（TFTR）聚变试验系统

电的粒子，也就是形成等离子体，然后用强磁场可使高温下的带电粒子会聚成细柱状而不分散，以便按需要进行核聚变反应，即控制核聚变反应的速度；另一条途径是通过透镜将激光聚集成极小的焦斑，以产生极高的温度，利用这一热量使放在焦斑处的液体核燃料产生聚变反应。

1991 年 11 月 9 日，设在英国的欧洲联合核聚变实验室首次成功地实现了受控核聚变反应，获取了大量的电能。1985 年初，中国科学院核聚变和高温等离子体物理研究基地正式建成。

在研究受控核聚变反应时，必须把高达上亿度的、最低密度为每立方厘米 10^{21} 个的等离子体束缚在长达 1 秒的时间内。为了解决这一关键问题，人们从 20 世纪 50 年代初开始研究出"磁镜"、托卡马克装置等磁束缚装置来束缚等离子体。托卡马克装置是一种用强磁场来封闭等离子体的装置，它有一个环形磁场等离子室，可获得百分之几秒或十分之几秒的等离子体。

受控核聚变反应目前难以实现的关键技术是将核燃料加热到几千万到上亿摄氏度的高温。因此，有人就想避开这个难点，探索在室温下实现受控核聚变（即冷聚变）的可能性。

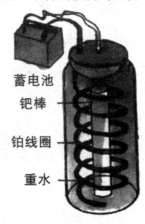

蓄电池
钯棒
铂线圈
重水

室温核聚变实验装置

1989年3月，美国科学家斯坦·庞斯等宣布实现了室温核聚变反应，引起世界各国的关注。他们在试管里装满重水，并插上用钯制成的阴极和用铂制作的阳极，并向重水中加入少量的锂。当将两个电极通入电流后，试管内就释放出大量能量。尽管人们对这个实验看法不一，但却将它誉为"试管中的太阳"。

简便易得的新能源——沼气

沼气是一种以甲烷（CH₄）气为主要成分的可燃气体。由于这种气体最早是在沼泽、池塘中发现的，所以人们把它叫做"沼气"。

作为能源使用的沼气，并不是天然产生的，而是人工制取的，所以它属于二次能源。

沼气中除含有 65% 的甲烷外，还含有 30% 的二氧化碳，以及少量的氢气、氮气、硫化氢、一氧化碳、水蒸气等。

沼气的发热值较高，其每立方米平均热

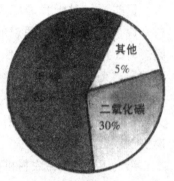

沼气的组成

值高达 23 020 焦耳（5 500 千卡）。由于甲烷难溶于水，因此可用水封的容器来贮存它。甲烷在燃烧时产生淡蓝色的火焰，并放出大量的热量。甲烷

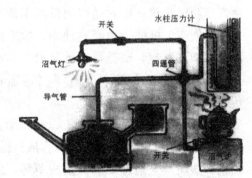

用沼气煮饭　　　　　　　沼气在家庭中的应用

气本身无味，但由于沼气中掺杂有硫化氢气体，所以沼气常常带有一些臭蒜味或臭鸡蛋味。

生产沼气的原料来源广泛，人畜粪便、动植物遗体、工农业有机物废渣和废液等，在一定温度、湿度、酸度和缺氧的条件下，经微生物的发酵作用，即可产生出沼气。

目前沼气对于我国广大农村来说，是一种比较理想的家庭燃料。它可用来煮饭、照明，

沼气汽车和拖拉机

既方便，又干净，还可节约大量柴草及生产饲料。

使用沼气时，需要配备一定的用具，如炉具、灯具、水柱压力计和开关等。炉具的作用在于使沼气与空气以适当的比例混合，从而得到充分的燃烧。

沼气还可以用做农村机械的动力能源。它既可直接用做煤气机的燃料，又可用做以汽油机或柴油机改装而成的沼气机的燃料。用这些动力机械可完成碾米、磨面、抽水、发电等工作。有的地区还用沼气开动汽车和拖拉机，使它的应用范围不断扩大。沼气作为机械动力燃料使用，价格比汽油、柴油便宜，而且可就地制取，不需要远距离运输和输送，减轻了交通运输负担。

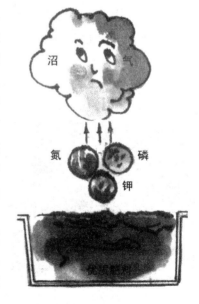

沼气还是一种重要的化工原料，用它可生产氢气和碳黑，以及乙炔、合成汽油、酒精、塑料、人造纤维和人造皮革等，应用十分广泛。

　　大力发展沼气，是我国实现农业现代化的一项重大措施。沼气的主要成分是甲烷和二氧化碳，因此沼气只利用了作物秸秆和粪便中的碳、氢、氧等元素，而氮、磷、钾元素仍留在沼气池内，是一种优质有机肥料。如果将全国农作物秸秆和人畜粪便的 50％利用起来，就可年产沼气 650 亿立方米，它所产生的热能就相当于 1 亿多吨煤炭所具有的热量。

　　北京市大兴县的留民营村，由于积极开发利用沼气，并取得了显著成绩，1984 年被联合国环境规划署命名为"中国生态农业第一村"。留民营村家家户户都建有沼气池，他们将人畜粪便、农作物垃圾等有机废料全部投进沼气池生产沼气，而沼气池中的发酵液和残渣经过发酵沤制，又成为很好的有机肥料，从而提高了农产品的质量和产量。

21 世纪理想的能源
——氢能

在众多的新能源中，氢能将会成为 21 世纪最理想的能源。这是因为，在燃烧相同重量的煤、汽油和氢气的情况下，氢气放出的能量最多。燃烧 1 克氢能释放出 142 千焦的热量，是汽油发热量的 3 倍，而且没

地球表面 71% 为水覆盖

有灰渣和废气，不会污染环境。氢燃烧后得到的水，又可源源不断地生产氢气。

氢比汽油、天然气、煤油等燃料都轻多了，携带、运送很方便；另外，氢气的点火温度低，燃烧速度快，燃烧热值高，因而对于现代火箭、飞机等高速飞行的交通工具，氢是最合适的燃料。

在大自然中，氢的分布很广泛。水中约含有 11% 的氢，可说是氢的大"仓库"。泥土里约有 1.5% 的氢。石油、煤炭、天然气等都含有氢。氢的主体是以水的形式存在，而地球表面约 71% 为水所覆盖。因此，若能用合适的方法从水中制取

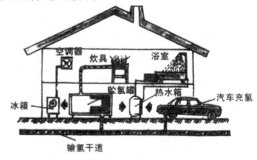

未来家庭用氢构想

加压 液氢 汽车运氢 火车罐车运氢

氢,那么氢将是一种价格相当便宜的干净能源。

　　氢的适用性强,应用广泛。它不仅能用做燃料,而且金属氢化物具有化学能、热能和机械能相互转换的功能。例如,贮氢金属具有吸氢放热和吸热放氢的本领,可将热量贮存起来,作为房间内取暖和空调使用。

　　氢作为气体燃料,首先被应用在汽车上。20 世纪 70 年代中期,美国和日本先后制成用氢气和液氢做燃料的汽车。后来,德国奔驰汽车公司制成的氢气汽车,只用了 5 千克氢就行驶了 110 千米。

氢发电厂

　　用氢作为汽车燃料,不仅干净,在低温下容易发动,而且对发动机的腐蚀作用小,可延长发动机的使用寿命。由于氢气与空气能均匀混合,完全可省去一般汽车上所用的气化器,因此简化了汽车结构。

　　氢气在一定的压力和低温下易变成液体,因而将它用铁路罐车、公路拖车或者轮船运输都很方便。液态氢既可用做汽车、飞机的燃料,也可用做火箭、导弹的燃料。

　　利用氢氧燃料电池可把氢能直接转化成电能,使氢能的利用更为方便。目前，这种燃料电池已在飞船和潜艇上得到应用，效果较好。

氢燃料属于二次能源。它的最有希望的应用方式，是利用太阳能电解水制氢，然后将氢用管道或罐装输送到工厂发电。美国已建成这种氢燃料发电厂。德国正在兴建首座用太阳能制氢，再用氢燃料发电的试验工厂。

有的科学家预言，随着科学技术的发展，氢未来能在家庭中大有用场。如果用管道将氢能直接输送到千家万户，以代替煤气、热力和输电各种管线，人们就可以用氢能取暖、制冷、洗浴和做饭，真是既干净，又方便。

氢的制取与贮存

目前，世界上所用的氢绝大部分是从石油、煤炭和天然气中制取的，这就得消耗本来就很紧缺的矿物燃料；而 4% 的氢是用加压电解水的方法制取的，但消耗的电能太多，很不合算。因此，人们在积极研究新的制氢方法。

随着太阳能开发利用的进展，人们已开始利用阳光分解水来制取氢。

制氢时，先在水中放入催化剂，然后用阳光照射水，催化剂便能激发光化学反应，把水分解为氢和氧。钙和联吡啶形成的络合物就是一种光水解催化剂。有意思的是，这种催化剂所吸收的阳光正好近似等于水分解成

加压电解水制氢设备

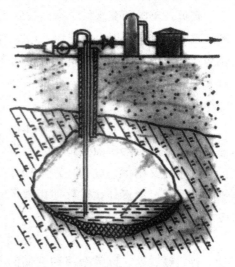

在地下盐窟中心贮存氢

氢和氧所需要的光能。

人们预计，一旦当更有效的催化剂问世时，水中取"火"——制氢就成为可能。到那时，人们只要在汽车、飞机等油箱中装满水，再加入光水解催化剂，在阳光照射下，水便会不断地分解出氢，成为发动机工作所需要的燃料。

20 世纪 70 年代，出现了光电解水制氢法，即以半导体材料钛酸锶作为光电极，以金属铂作为暗电极，将两个电极连在一起，然后放在水里。

贮氢钢瓶像颗重磅爆炸

当用阳光照射电极时，就在铂电极上释放出氢气，而在钛酸锶电极上放出氧气。

一些微生物在阳光的光合作用下也可释放出氢气。前苏联的科学家已在湖沼里发现了这种微生物。他们把这种微生物放在适合它生存的特殊器皿里，然后将微生物产生出来的氢收集在氢气瓶里。

最近，英国和美国科学家已找到用糖制氢的新办法，可说是细菌制氢的新发展。它是利用生活在地下热水出口附近的细菌产生的酶把葡萄糖转化为氢和水。具体来说，就是从包括青草在内的植物基本组成部分——纤维素中分解出葡萄糖，然后用酶使葡萄糖氧化，从而可得到氢分子。

氢气虽然可以变成液体贮存在钢瓶里，但液态氢的沸点很低，常温下的蒸气压力又很大，就像一颗重磅炸弹，随时都可能爆炸，贮存使用很不安全。

20 世纪 60 年代末期，人们发现钛、铌、镁、锆、镧等金属和它们的合金能像海绵吸水一样将氢贮存起

德国氢公共汽车和贮氢合金燃料箱

来，形成贮氢金属或合金，而且还可根据需要随时将氢释放出来。这就大大方便了人们对氢的贮存、运送和使用。美国已有这种小型贮氢罐出售，德国则制成了贮氢合金燃料，供汽车使用。

对于固定地点的大量贮氢，可以采用加压地下贮氢，如利用密封性好的气穴、采空的盐窟或油田等。这种贮氢办法的优点是，只需花费氢气压缩的费用，而省去了贮氢容器的投资，从而使贮氢费用大大降低，而且安全性好。在地下盐窟中贮氢，采用注入水的方法来调节氢气的压力。

地球深处的宝藏——地热能

我们居住的地球，很像一个大热水瓶，内热外凉，而且越往里面温度越高。因此，人们把来自地球内部的热能，叫做地热能。

地球通过火山爆发和热泉、温泉等途径，将它内部的热能源源不断地输送到地面。人们所熟悉的温泉，就是人类很早就利用的一种地热能。

地球的内部可以说是一个大热库。在

西藏阿里地区第一口地热喷泉

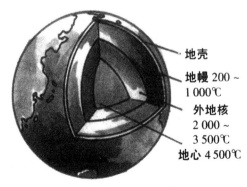

地壳

地幔 200 ~ 1 000℃

外地核 2 000 ~ 3 500℃

地心 4 500℃

地球内部的温度分布

距地面 10 千米处，温度达 100℃，能把水烧开；在 25～50 千米的深处，温度为 200～1 000℃；若深度达到距地面 6 370 千米即地心处时，温度可高达 4 500℃以上。

地热的形成

放射性物质放出射线

通常，在地壳最上部的十几千米范围内，地层的深度每增加 30 米，温度便升高 1.5℃；在 25 千米以下的区域，深度每增加 30 米，温度上升 0.8℃；以后再深入到一定深度，温度就保持不变了。

地热能是由于地球深处的压力和放射性化学元素衰变而产生的。在形成地球的物质中，含有铀、钍等放射性元素，当它们放出放射线时会产生大量的热，再加上处于封闭、隔断的地层中，就逐渐积聚成地球内部的高温层。这些高温层的热能经由对流作用传到地壳，地壳受热熔成岩浆，即成为地热源了。

根据地热资源所处地层位置和温度的不同，通常将地热分为以下几种类型：

北京小汤山温泉

热水型　以热水或水汽混合的湿蒸汽形式储存于地下。这种地热资源分布较广，储量丰富。按温度范围分为低温资源（90℃以下）、中温资源（90～150℃）和高温资源（150℃以上，最高可达 300℃以上）三级，其中高温热水经扩容蒸发后可用来发电。我国北京的小汤山温泉就属于热水型地热。

蒸汽型　以压力和温度均较高的蒸汽形式储存于地下。它可以用来发电和作为机械力，其特点是开发较容易，技术上也较成熟，但资源较少。

地压型　以高压水的状态存于地下 2～3 千米深的沉积盆地中，周围由一种不透水的页岩包封着。它的储量巨大，有重要开采价值。

干热岩型　以炽热的岩层（不含水和蒸汽）储存于地下岩石层中，故得"干热岩"之名。它的储量大，但开发技术难度大。

岩浆型　以熔融或半熔融态储存在地下岩浆中，其温度高达1 500℃左右。火山爆发时，可以把这种岩浆带到地面。

用干热岩层通入冷水的办法来利用地热能

地热在世界各地的分布是很广泛的。美国阿拉斯加的"万烟谷"是世界上闻名的地热集中地，在24平方千米的范围内，有数万个天然蒸汽和热水的喷孔，喷出的热水和蒸汽的最低温度为97℃，高温蒸汽达645℃，每秒喷出2 300万公升的热水和蒸汽，每年从地球内部带往地面的热能相当于600万吨标准煤。新西兰有近70个地热田和1 000多个温泉。

我国是一个地热储量很丰富的国家，世界五大地热带中有三个与我国有关。近年来的地质普查和勘探结果表明，全国有19个省、市、区拥有较好的地热资源，查明的地热储量相当于31.6亿吨标准煤，推测储量116.6亿吨标准煤，远景储量约相当于1 353.5亿吨标准煤。

地热的应用与人造热泉

目前对地热能的开发利用，主要集中于热水型地热资源上，如利用地热水取暖、洗浴、养非洲鲫鱼、温室栽培、印染和退浆等。

我国是世界上开发利用地热能较早的国家，而北京是当今 6 个开发利用地热较好的首都之一。北京地热水温大都在 25～70℃。由于地热水中含有氟、氢、镉、可溶性二氧化硅等特殊矿物成分，经过加工可制成饮用的矿泉水；有的地热水中还含有硫化氢等，很适于浴疗和理疗。

洗浴

养鱼

温室栽培

取暖

地热的妙用

除北京外，我国许多地方都拥有地热资源，仅温度在100℃以下的天然外露的地热泉就达3 500多处。在西藏、云南和台湾等地，还有很多温度超过150℃以上的地热田。

地热可用于发电，就是先把地下热能转变成机械能，然后再把机械能转化为电能。用干蒸汽发电是最理想的，但大多数地热田都是湿蒸汽和热水田。对于这种地热田，通常采用地热蒸汽法发电。

这种发电方法是将来自地热井口的湿蒸汽和热水先进入蒸汽热水分离器，然后把分离出来的蒸汽送到汽轮机，驱动汽轮机旋转，从而带动发电机发电。

西藏羊八井地热田钻孔喷发

地热发电的成本比水电、火电和核电都低，而且干净，不污染环境，用过的蒸汽或热水还可以用于取暖或其他方面。

我国在西藏羊八井建有全国最大的地热电站。它的地热井口温度平均为140℃，发电装机容量为1.3万千瓦。

另外，地热能的应用现在已扩展到加热、干燥、制冷、脱水加工、海水淡化和提取化学元素等许多方面。

由于天然热泉数量较少，而且不是各地都有的，因此在一些没有天然热泉的地区，人们便利用广泛分布的干热岩型地热能，以人工造出地下热泉来。

人造热泉是在干热岩型的热岩层上开凿而成的。这种热岩层在世界上分布较广，几乎到处都有。开凿人造热泉时，先将井钻到几千米深的热岩层上，然后用管子把加压的水送到岩石层表面，并不断将水压加大。当水

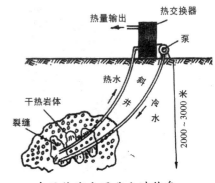

在干热岩上开凿人造热泉

压达到一定程度时，岩石便出现裂缝和空隙，水就随之流进裂缝和空隙中，被炽热的岩石加热，再将热水或蒸汽抽到地面，就可供人们使用。

地热蒸汽发电

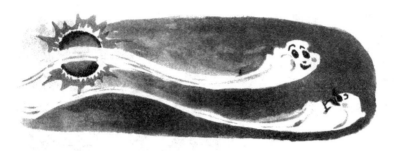

风能与风力发电

风是自然界中一种巨大的动力资源，它远远超过了矿物能源所提供的能量总和。

风能是空气在流动过程中所产生的能量。而大气运动的能量来源于太阳辐射。

地球表面各处受太阳辐射后，由于散热的快慢不同和空气中水蒸气的含量不同，因此引起各处气压的差异，结果高压空气便向低气压地区流动，这就形成了风。据计算，风能总量大约相当于目前地球上人类1年消耗能量的100倍。

风能的大小和风速有关。风速越大，风所具有的能量越大。

地球大气中的总风力约达 300×10^{22} 千瓦，其中约 1/4 在陆地的上空，而近地面层每年可供利用的风能，约相当于 500 万亿度的电力。

用风车带动水泵提水

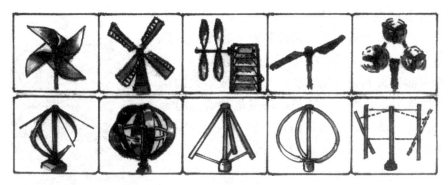

各式各样的风车

人类对于风能的利用是比较早的。早在公元前 2 世纪，我国就已开始使用风帆。1700 多年前，我国已有了利用风力的风车。19 世纪末，丹麦建造了世界上第一座风力发电站。

风车是将风力转换成机械能用来带动水泵提水或者用来磨面、加工饲料等的动力装置，也可用它带动发电机发电。

风车的种类较多，若按回转轴与风向的位置不同，可分为水平（风向和风车回转轴平行）、垂直（风向和回转轴垂直）两类。由于翼型不同，它们又可分为不同的类型，其用途也不同。

利用风力发电，实际上就是以风车带动发电机发电。

风力发电装置的螺纹变距机构可依据风力强弱改变风车翼，使风车转速稳定均匀；加速器可提高风车转速，以适应发电需要；方向控制器能克服风向常变的弱点，使风车转轴对正风向。这种风力发电装置最高可产生

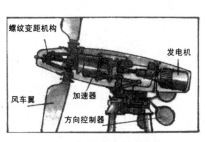

风力发电装置

科威特沙滩式风塔发电站

10千瓦的电力。

令人感兴趣的是，科威特有一种沙滩式风塔发电站。在干燥炎热的阿拉伯沙漠里，一阵和风如果遇到上升热气流，就会形成巨大的空气旋涡——龙卷风。这种风塔发电站就是将上升的热气流引入球形塔内，产生强烈的龙卷风推动一台涡轮式发电机的叶轮，就会发出几分钱一度的廉价电来。

另外，还有一种风电场，是将多台风力发电机安装在风力资源好的场地，按照地形和主风向排成阵列，组成机群向电网供电。它是一种大规模利用风能的有效方式。

在风塔座上引起龙卷风

新型发电机——燃料电池

燃料电池与干电池、蓄电池都不同。它的化学燃料不是装在电池的内部，而是储存在电池的外部，就像往炉膛里添加煤和油一样，可以根据需要源源不断地为电池提供化学燃料，"燃料电池"便由此而得名。

实际上，燃料电池能把燃料所具有的化学能连续而直接地变成电能，其发电效率比现在应用的火力发电还高，所以将它称为"新型发电机"更合适些。

燃料电池的原理早在 100 多年前就被人们发现了。

1958 年，美国首先研制成功燃料电池，其输出功率为 5 千瓦，工作温度为 200℃，所产生的电力足以开动风钻和电车。

20 世纪 60 年代，美国将燃料电池作为"阿波罗"宇宙飞船的电源。而飞船上航天员饮用的水，就是燃料电池的生成物——氢和氧在燃烧过程中化合生成的水。

在结构上燃料电池与蓄电池相似，也是由正极、负极和电解质组成。正极和负极大都是用铁和镍等惰性与微孔材料制成。从电池的正极把空气

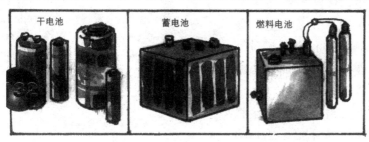

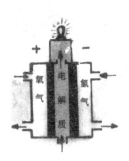

用于"阿波罗"登月飞船上的燃料电池

或者氧气输送进去，而从负极将氢气或碳氢化合物、甲醇、甲烷、天然气、煤气、一氧化碳等气体燃料输送进去。这时，在电池内部气体燃料和氧发生电化学反应。于是，燃料的化学能便直接转变成了电能。

氢与氧在 25℃时发生氧化反应（即氢气燃烧），生成水并放出热能，其反应式为 $H_2 + \frac{1}{2}O_2 \rightarrow H_2O + 241.8$ 焦耳（热能）

作为燃料的氢在负极上与电解质一起进行氧化反应，生成带正电的氢离子（H^+）和带负电的电子（e^-）；而电子通过外电路跑到正极上，与作为氧化剂的氧和电解质一起进行还原反应，最后生成带负电的离子。而带电正离子和负离子在电解质中结合而生成水蒸气，即

在负极（氢电极）上：$H_2 \rightarrow 2H^+ + 2e^-$

在正极（氧电极）上：

$$2H^+ + \frac{1}{2}O_2 + 2e^- \rightarrow H_2O$$

因此，只要不断地把燃料供给电池，并及时把电极上的反应产物和废电解质排走，就能源源不断地获得电能和水蒸气。

由于燃料电池是直接将化学能转变成电能，燃料不

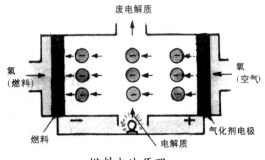

燃料电池原理

氢燃料汽车

经过中间燃烧，所以热能转换效率高，比火力发电的效率高 5％～20％，而且在发电的同时还能生产蒸汽和热水。

目前，世界各国都在研制试验以氢燃料电池作为动力的电动汽车。德国制成的氢燃料电动汽车，加一次燃料可行驶 1 000 千米；日本研制的氢燃料电动汽车的输出功率为 20 千瓦，最高速度达 100 千米/小时以上，每加一次氢可行驶 250 千米。

神奇的电磁能

人眼看不见的电磁能，却有着不同寻常的本领。例如，已开始普及使用的电磁锅（灶）和微波炉，以及电磁船和速度可与小飞机媲美的磁浮列车，展示出了电磁能广阔的应用前景。

不见烟火的电磁锅　电磁锅是个透明的玻璃锅，使用时放在风化玻璃板上。它是利用电磁波加热的。当电流流过玻璃台板下面的线圈时，就产生看不见的磁力线。这种磁力线在通过电磁锅的锅底时，由于电磁感应的作用，在锅底上就产生了许多环形电流（也叫做涡流）。锅底的玻璃内印刷了薄薄的一层银涂料，这层金属涂料具有电阻，相当于电炉中的电热丝，当涡流流过

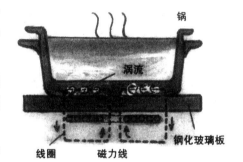

电磁锅加热原理

时，就产生了热量。电磁锅实际上是个带炉子的锅，它易于清洗，使用方便，又不污染环境，而且省电、省时间，因而受到人们的好评。

方便、干净的微波炉　这种新型炉是用一种叫做微波的电磁波加热的。微波的频率在 300 千兆赫到 300 兆赫之间，波长从 1 毫米到 1 米。

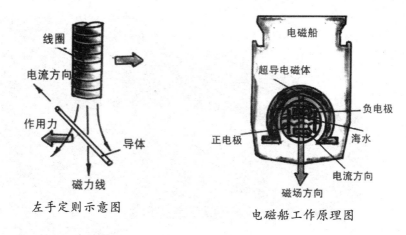

左手定则示意图

电磁船工作原理图

微波炉的外形像小电视机。它里面的磁控管用来产生电磁波——微波，然后通过像管子一样的波导将微波送到炉腔。这些微波能钻到食物内部，使食物的分子相互摩擦而产生大量的热，从而将食物加热。因此，微波炉烹饪食物非常快。300 克的花生米，1 分钟就炒熟了，黄亮黄亮的；烤 1 只鸡，只要 10 分钟就够了，而且表面不糊。据实验证明，微波炉烹饪比电炉烹饪平均省时 57％，而且省电 1/3 至 1/5，比煤气炉烹饪平均省时 53％。

由于微波炉烹饪时间很短，而且不需要加入水和产生蒸汽来导热，因此维生素 B、维生素 C 的损失比其他烹饪方法少得多。它加热时不冒烟，也不产生有害气体，是一种干净的能源。

电磁船　这种船是根据物理学中的左手定则的原理制成的。在电磁船壳体的底部装有流通海水的管子，管子外面安装着由超导线圈制成的电磁体和产生电场的正、负电极。当向电极通电时，流过管子的海水就形成强大的电流。由左手定则可知，这时就产生一个与电流方向相垂直的作用力（方

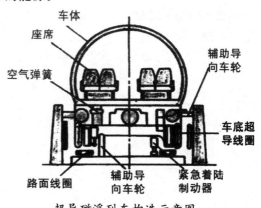

超导磁浮列车构造示意图

速度达 500 千米/小时的超导磁浮列车　宽敞舒适的车内情况

向垂直指向纸面），将海水向后推，其反作用力便推动船向前行驶。

　　"超特快"的磁浮列车　磁浮列车是利用磁体同性相斥的原理，使车体在轨道上悬浮起来，再用发动机推动列车前进，因而被称为没有轮子的火车。

　　这种列车的底部装有用一般材料或超导体材料（电阻接近于零的导体）绕成的线圈，而在轨道上安装有路面线圈。当列车底部线圈通人电流，产生的磁力线被路面线圈切割，就在路面线圈内产生感应磁场。它与列车底部的超导线圈产生的磁场同性相斥，就使列车在轨道上悬浮起来。由于它没有轮子与轨道之间的摩擦阻力，因此可使列车的速度超过 300 千米/小时，最高速度达 500 多千米/小时，可见电磁力的力量之大了。

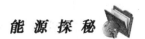

变废为宝的垃圾发电

　　垃圾是城市生活中的"副产品"。在垃圾中有很大一部分是可燃物质，它的发热量达 4 000～12 000 千焦/千克之间，燃烧每吨垃圾产生的热量相当于 150 千克标准煤的发热量。因此，人们已开始打垃圾的主意，利用垃圾发电，变废为宝。

　　人们算了一笔账：一个 4 口之家，每年可产生约 1 吨垃圾，用这些垃圾可以发电 500 度左右。因此，建造垃圾热电站将是大有作为之举。

　　垃圾热电站的发电供热过程大致是这样的：先将垃圾送到分拣处，用磁铁等工具将垃圾中的金属零件等不能燃烧的废旧物拣出来，然后将可燃垃圾送进燃烧炉内。燃烧炉一边燃烧，炉内的垃圾一边随炉的滚筒慢速转动，将垃圾输送到炉底。垃圾在炉底被不断地翻转着，以便使它燃烧

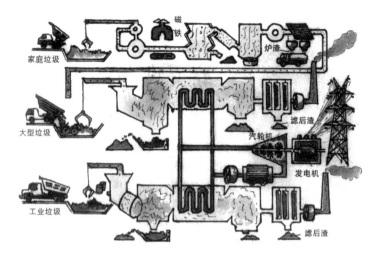

垃圾处理与发电

完全。

当燃烧炉内的温度为1100℃时，将空气由炉底通入燃烧炉，并流过所有的滚筒。这时被燃烧炉加温的锅炉内的水变成高温、高压的蒸汽，一部分送去推动汽轮机转动，并带动发电机发电；另一部分送出供取暖或加热用。

一般来说，1吨垃圾可产生约300千克的炉渣。这些炉渣略带暗灰色，有时上面还散落有未燃烧的金属零部件，可用大型磁铁吸下，送去回炉。炉渣可用来铺路或做填充材料。

牛粪发电厂

德国在黑森州卡纳泊建造了一座垃圾热电站，为鲁尔河畔的6个城市的居民提供暖气和电力。这里共有1 200万居民，每年大约有56万吨垃圾。这些垃圾燃烧后能为16 000户居民提供暖气，每年可节约11 000吨家庭取暖用油。

美国于 1989 年在加利福尼亚州建立了一座牛粪发电厂。这里有大型养牛场，每天排泄出大量的牛粪。建造发电厂就是为了处理这些牛粪垃圾。

牛粪发电厂的发电过程是：先把牛粪堆积晒干，然后送到炉膛内燃烧。炉膛内有多层炉床干燥器和搅拌器，使牛粪能完全充分地燃烧。炉内有一个"后燃器"，里面装有石灰石等，用来吸收和处理牛粪的臭气和残存挥发物，使排出的废气不污染空气。

这个牛粪发电厂每天用牛粪 800 吨，每小时可产生 68 吨蒸汽，用来推动涡轮发电机发电，所发的电足够供 2 万户家庭使用。

崭露头角的人造燃料

由于煤、石油等常规能源的供应日趋紧张，人们开始用化学合成的方法生产人造燃料。

一根火柴可点燃的煤饼　1988年初，我国研制的易燃煤饼已跨洋过海，远销美国等一些国家。这种煤饼使用方便，用一根火柴即可点燃，而且无烟、无味，燃烧时间长、热量大，因而受到用户的欢迎。

易燃煤饼实际上就是一种人造能源。它是在煤粉等原料中添加一些易燃化学成分压制而成的。由于这种煤饼原料来源丰富，生产方法简便，因此有着广阔的发展前景。

人造固体燃料　有一种叫做"六甲四固体燃料"，就是用化学合成方

一根火柴可点燃的煤饼

这些燃料可供3口之家用一个月呢！

法制成的一种人造能源。它的主要原料是六亚甲基四胺和液氨，所以简称"六甲四固体燃料"。

这种燃料一般压成块状使用。它在燃烧时所产生的热值比一般煤炭几乎高出1倍，火焰温度可达730℃，而且不产生烟灰，不放出有毒气体，燃烧后也不留灰渣，可说是一种清洁而又效能高的燃料。

加入六亚甲基四胺

酒糟

用下脚料生产人造能源

最使人感兴趣的是这种固体燃料的耗用量很小。例如，一个3口人的小家庭，每天3顿饭只需用200克的六甲四固体燃料。一个月所用的燃料，相当于几包盒装饼干那样大，搬运、使用非常方便。

用下脚料生产人造能源　工业下脚料如锯末、砻糠、酒糟和农作物收获后剩下的秸秆、稻草等，都是生产人造能源的好原料，而且来源广，成本低，可说是废物利用，变废为宝。

用这些下脚料和秸秆等生产人造能源时，通常先将它们炭化（烧成炭状）或粉碎后，加入少量的六亚甲基四胺，就可制成块状、球状或蜂窝状的秸秆固体燃料。

秸秆固体燃料成型机

这种固体燃料燃烧时放出的热量与煤相当。但它使用方便，用火柴就可点燃，而且燃烧时无烟、无味，燃烧后留下的残渣也很少。

六亚甲基四胺的生产方法　制造固体燃料用的六亚甲基四胺，一般中小型化工厂都可生产，原料来源也比较丰富。它是采用甲醇、水、空气和氨合成的。有些生产合成氨的氮肥厂，将设备改造一下，就可生产甲醇和氨，再增加些简单设备，就能生产六亚甲基四胺和固体燃料。由此可知，将来氮肥厂兼营固体燃料或者转产固体燃料，当是一条前途光明的捷径。

秸秆固体燃料成型机 我国西北农业大学研制成一种将农作物秸秆加工成固体燃料的成型机。这种机器能把麦草、玉米秆等加工成蜂窝煤状、球状、棒状等各种固体燃料，可大大提高燃料的热效率，比一般木材耐烧。一些专家认为，这种农作物秸秆成型机能改变农村生活用能方式，有着重要的推广价值。

实 践 篇

实践出真知。人类在能源的开发利用的过程中，就是通过生产实践不断地发现和利用各种能源的。

随着科学技术的迅速发展，一些新能源相继涌现出来，有的还成为能源舞台上的主角。目前，人类利用的能源已不仅仅是煤炭、石油、天然气等矿物性燃料，而是出现了诸如太阳能、核能、沼气、风能、氢能、地热能、海洋能、电磁能等新能源。

青少年朋友，你对奇妙的能源世界感兴趣吗？你想了解这些能源力士们能量巨大的秘密吗？不妨动手实验，亲自体验和认识能源诱人的魅力。本篇为未来的能源工程师介绍一些有关能源的有趣实验和生活知识，希望能在你的记忆长河中留下难忘的涟漪……

有趣的水果电池

电池，如今已在日常生活中被广泛地使用着。从干电池、太阳能电池、蓄电池和核电池到燃料电池等，已形成了一个兴旺的电池大家族。此外，人们还用水果制成了一种特殊的电池——水果电池。

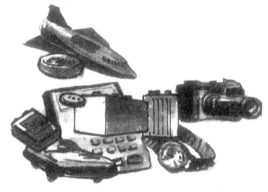

各种各样的电池

干电池通常以两种不同的金属作为正、负极，并在正、负极之间充填以酸性或碱性的导电物质，即"电解质"。这种化学电

伏打电池

柠檬电池实验

池的电解质通过电子的作用，能使金属"溶解"（即电离），变成失去电子的离子。这样，插在电解质中的两种金属就成了电池的正、负极了。

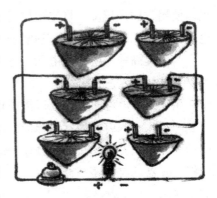

柠檬积层电池

意大利物理学家伏打发明的"伏打电池"，就是一种最简单的化学电池。他用一块铜板和一块锌板作为正、负电极，两极之间用饱蘸稀硫酸的布条做电解质。由于锌比铜易于电离，因而锌原子中的电子就要挣脱原子核的束缚变成自由电子。这时，若在两极之间连接一根导线，电子就会沿着导线从锌板流向铜板，形成电流。

英国人安东尼是个钟表修理匠，他做了一个有趣的实验：把一个大柠檬拦腰一切两半，然后将一块铜片和一块锌片作为电极分别插进两半块柠檬上，再用导线接在座钟的发动机上，结果座钟便"嘀嗒、嘀嗒"地走了起来。

你如果对这种实验感兴趣，不妨动手去试试，那成功后的喜悦心情是难以用语言表达的。

先取3个柠檬，分别用刀切成两半。在每半个柠檬的一边插上铜片作为正极，另一边插上锌片作为负极。然后，按图上所画的顺序将导线连在一起，并在线路上接上一个小电珠和开关。接通开关后，灯泡就会发出亮

番茄电池

光。使用的柠檬越多，灯泡就越亮。柠檬电池的电流比较小，所以有时小电珠不一定亮，但用它来驱动电子计算器或电子表却完全能胜任。

为了提高柠檬电池的电压，还可试验一种用多节水果电池串联而成的"柠檬积层电池"。

用铜片做电池正极，而以铝箔代替锌板作为电池的负极，在铜片与铝箔之间垫入一张有柠檬汁的棉纸，即成了一个单个柠檬电池。再将多枚单个的柠檬电池首尾相接地层叠在一起，柠檬积层电池就做成了。然后用导线将计算器的电池座与柠檬电池正、负极相连，计算器上的液晶板就会有数字显出。

用番茄、西瓜、葡萄、苹果等也能做成水果电池，其中以番茄电池产生的电力最强。

奇妙的电磁陀螺

电磁力在日用生活器具中扮演着重要的角色，如发电机转动时能产生电流，电动机通入电流后能快速旋转，家用电度表中的铝制圆盘不停地转动……都可说是电磁力施展本领的结果。

如果你想了解电磁力奇特的本领，可通过制作电磁陀螺来看看电磁感应的不凡身手。

先找几个饮料易拉罐，将空罐剪开展平，用圆规在铝箔上画出半径为3厘米的圆，然后剪成圆片（约需3个）。在圆片中心钻小孔，用针或牙签尖插进孔里，露出3毫米左右，使圆片能以其为轴转动，成为陀螺。

接着，找一个玩具电动机，设法在轴上先装一个抽去笔芯的1厘米长的铅笔杆，然后把铅笔的一端用黏合剂和胶布与一块条形磁铁粘接在一起。粘接时，先用尺子测出条形磁铁的中心，使它与电动机的轴对正，并

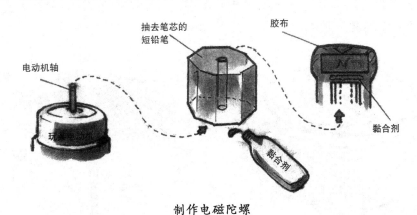

制作电磁陀螺

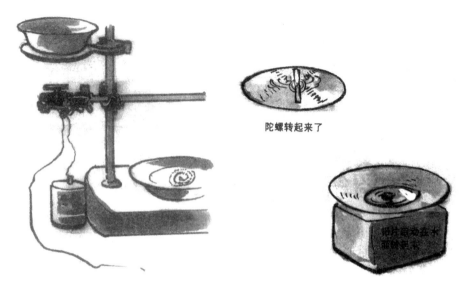

陀螺转起来了

完全粘牢固，以防条形磁铁旋转时飞出伤人。

然后，把电动机固定在铁架台上，这时粘着条形磁铁的空铅笔杆就套在电动机轴上（与轴接触的地方也用胶粘牢），再在离条形磁铁上方1厘米的地方，安放一个小塑料盆（在铁架上固定一个圆环，将盆放在圆环上）。这个小盆可以隔绝磁铁旋转所带起来的风对陀螺的影响。

先把电动机与电池接通，条形磁铁就会旋转起来。然后，将用铝箔圆片制成的陀螺放到小塑料盆里，并慢慢降低小盆的位置。当小盆降低到距离磁铁小于1厘米时，陀螺便随即转动起来。如果把陀螺正好放在小盆的中央，陀螺就会不停地旋转。

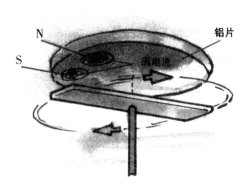

　　由于陀螺是用铝制成的，磁铁不能吸引它，所以它能随磁铁旋转就成了奇妙的现象。如果将电动机和磁铁封装在盒子里隐蔽起来，再把小盆放在盒子上，就成了有趣的小魔术了。

　　这时，往小盆里倒些水，将铝片放在水面上，它就会自动旋转起来。如果将一枚硬币轻轻放在水面上，它就会一边自转，一边绕小盆中心不停地旋转，很是有趣。

　　根据电磁感应定律，当在铝制圆片附近转动一个永久磁铁时，铝片上本来邻近磁铁的 N 极或 S 极之处的磁场就会随着磁极的离开而变弱；与此同时，铝片上磁极趋近之处的磁场就要增强。铝片上磁场的强弱和方向随时间逐点变化的这种现象一出现，就会在铝片上产生闭合涡旋状的涡电流，并在铝片上感应出阻止铝片与磁铁相对运动的磁场，从而使铝片受到作用而随着磁铁以稍慢的速度旋转起来。

设计家庭实用的沼气池

沼气对于目前我国广大农村来说，是一种比较理想的家用燃料。如果你家有条件用沼气，不妨自己动手为家中设计一个实用的沼气池。

沼气发酵池是制取沼气的基本设备。目前常用的沼气池有水压式、浮动气罩式或塑料薄膜气袋式等几种。

水压式沼气池为圆形，其容积依用户人口多少而定：两三口人的家庭，容积可为 4～5 立方米；五六口人之家，池的容积可达 10 立方米左右。

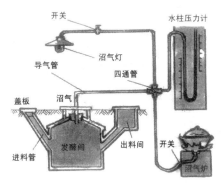

水压式沼气池

它的结构简单，造价低廉，可因地制宜地用三合土（石灰、砂和碎砖）和少量水泥建池。池顶覆盖泥土，用来保温和防止储气间的气体压力冲坏池顶，同时设置活动盖板，便于修池和清池时工作人员上下活动和通风排气。进料管要斜放，以便于进料，并可通过进料管随时搅拌发酵池液。

浮动气罩式发酵池的优点是池内压力小而稳定，不易发生沼气泄漏，但它的建造材料昂贵，尤其是

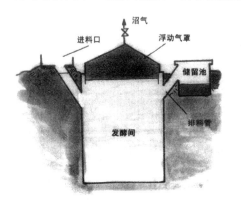

浮动气罩式沼气池

浮动气罩的材料难以找到合适的。

塑料薄膜气袋式沼气池的结构虽然简单，但使用时要在气袋上加压将沼气驱出，应用不便，而且塑料薄膜气袋的使用寿命短，易漏气。

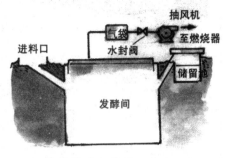

塑料薄膜气袋式沼气池

从以上三种沼气池来看，如果没有特殊需要，建议你采用简单易行的水压式沼气池。

有机物质如人畜粪便、作物秸秆、青草、工业废水、污泥等都可作为沼气池的原料，但作物秸秆、干草等原料的产气缓慢、产沼气量高而且持久；而人畜粪水、青草等产气快、产沼气量较低，因而不能持久产气。如果将这两类原料搭配起来，就可产气快而持久。

投料量可根据每吨原料干物质生产的沼气量计算出来。例如，采用猪粪作原料时，每立方米容积的发酵液每日投入 7.7 千克的猪粪，即可产生沼气 0.43 立方米。

农作物秸秆要先经过堆沤才能入池，这是因为它们表皮上都有一层蜡质，水不易透过蜡质层进入秸秆内部，使纤维素腐烂分解。

经常搅拌沼气池，可使池内发酵原料与沼气混合均匀，产生的沼气就多。农村的简易沼气池每天至少剧烈搅拌 1～2 次。

由于沼气是沼气细菌分解有机物产生的，所以应勤进料和出料，一般可隔 7 天左右进出料一次。

搅拌和出料

常用原料所产生的沼气量及甲烷含量

原料名称	每吨干物质产生的沼气（米³）	甲烷含量（％）
猪　粪	330	65
牛　粪	280	59
马　粪	310	60
人　粪	240	50
青　草	290	70
干　草	326	57
麦　秸	340	68
稻　草	400	70
稻　壳	230	62
杂树叶	160～220	59
酒厂废水	350～600	58
纸厂废水	600	70

汽油、煤油和柴油

汽油

石油主要是由碳、氢两种化学元素组成的庞杂混合物。由于这些混合物的沸点不同，因而通过炼油厂的提炼，就可以为石油"分家"，获得汽油、煤油、柴油、石蜡、润滑油、沥青等石油产品。

汽油　沸点较低，约为 $70\sim150℃$，实际上是己烷、庚烷、辛烷和壬烷的混合物。

汽油的用途很广。若按用途可分为以下几种：

车用汽油——供汽车使用。

航空汽油——供飞机使用。

工业汽油——供洗涤机器和零件用。

溶剂汽油——供橡胶、皮革业做溶剂用。

煤油　主要是由癸烷、十一烷、十二烷、十三烷、十四烷和十五烷组成的混合物。

煤油按用途可分为灯用煤油、重质煤油、拖拉机煤油和航空煤油。

灯用煤油——早期用来点灯，现在主要用在油漆、医药和农药生产上。

重质煤油——用来点燃信号灯、灯塔和海上船舶警标灯等。

拖拉机煤油——又叫动力煤油，是煤油和汽油各占一半的混合物。它比灯用煤油易着火。

航空煤油——用于喷气式飞机的燃料。

柴油　是内燃机车、轮船、重型拖拉机、坦克、载重卡车、军舰、抽水机等使用的燃料。

以柴油做燃料的内燃机叫做柴油机。它和汽油机虽然在结构上相似，但工作原理却不同。汽油机是先把汽油喷进气缸，使空气和汽油雾受到压缩后，用电火花点燃；而柴油机是先将空气吸入气缸，加以压缩，使空气的温度急剧升高，再喷进柴油去点燃。

柴油分为轻柴油、重柴油两种。轻柴油一般用于转速在 1 000 转/分以上的高速柴油机；重柴油用于 500～1 000 转/分的中速柴油机，或 500 转/分以下的低速柴油机。

海军快艇用的是一种专用柴油，质量要求高。这种高质量的快艇专用柴油，不仅使柴油机启动快，而且转速可提高到 1 800 转/分以上。

汽油中的碳氢化合物分子小，碳原子少；而煤油、柴油中的碳氢化合物分子大，碳原子多。人们通过"热裂法"，即在加热的同时，提高压力和使用催化剂，使大分子分"裂"为小分子，把煤油和柴油转变成汽油。

汽油无铅化　从 20 世纪 30 年代开始，人们采用往汽油中添加有强烈毒性的四乙基铅（俗称"铅水"）来增强其抗爆性。加"铅水"的汽油在燃烧后，有85％的铅被排入大气环境中，从而造成严重的铅污染。由于铅的毒性持久，而且不易被人体排出，因而对人体健康产生不利影响，尤其儿童是铅污染的最大受害者。因此，目前我国已于1997年6月1日首先在北京推行采用无铅汽油，以进一步治理包括一氧化碳、氮氧化合物等在内的汽车废气污染。

液化石油气与天然气

目前，方便、干净的液化石油气使我国许多家庭告别了昔日烟熏火燎、污染严重的小煤炉。

如果你摇晃一下液化石油气罐，就可听到里面液体晃动的声响。但当你拧开阀门，点燃的却是冒着蓝色火苗的气体。这是怎么回事呢？

原来，液化石油气俗称煤气，它本是开采油田伴随产生的气体（叫油田气），或是炼制石油中产生的挥发性气体（叫炼厂气）。为了运输和使用方便，后经加压液化就变成了液体。而当压力降低或者温度升高时，它又变成气体冲出罐子的阀门嘴，供你随时使用。这表明它是由"石油气""液化"而得到的一种方便燃料。它的名字也就由此而来。

油田气和炼厂气的主要成分是丙烷和丁烷，有的还含有少量的丙烯。丙烷、丁烷的沸点很低，在常温常压下都是气体，而且很容易燃烧，所以可用做燃料。由于这些气体稍加压力就会变成液体，所以人们便把它们液化，制成"液化石油气"，装在钢罐里使用。

火　热水
×危险　√正确

　　钢罐装的液化石油气既便于贮存和运输，使用又安全和方便，加之它是石油工业的副产品，成本低廉，发热量大，因而是一种可普遍使用的优质气体燃料。

　　液化石油气虽然使用比较安全，但使用不当也会出现危险。当冬季气温较低时，产生的气体少，火不旺，千万不能用火烧罐底，或者将罐倒置起来，这是非常危险的。正确的办法是，将罐立放在一盆热水中加热，就能提高气体的放出量，满足使用要求。

　　天然气的主要成分是甲烷、乙烷、丙烷和丁烷，其中甲烷常占80％以上，甚至可高达95％。它燃烧的火力旺，发热量比煤气高1倍。经过分离处理后，天然气基本上不含有硫和其他有害微粒。同石油与煤炭相比，天然气燃烧没有烟尘，所产生的挥发性碳氢化合物、一氧化碳、氮氧化合物也较少。

　　与石油相比，天然气易于加工；而与通过铁路运输的煤炭相比，天然气可通过管道输送，运输费用便宜。因此，天然气的应用广泛，90％以上的能源领域都可使用天然气，如取暖、发电、汽车燃料等。天然气将成为未来的主要能源之一。

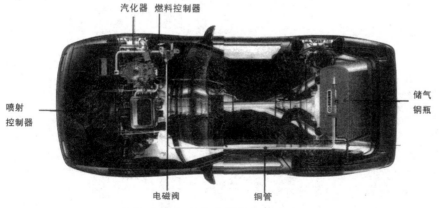

液化石油气汽车的结构与工作原理

更为引人注目的是，近年来世界许多国家相继研制成用液化石油气或天然气代替汽油作为汽车燃料的绿色环保汽车，受到人们的好评。这种汽车的燃料系统由储气钢瓶、输气瓶、电磁阀、汽化器和混合器等组成。以液化石油做燃料的汽车的工作原理是这样的：通过汽化器将由储气钢瓶输出的高压液化石油气气化成低压的气体后，再送进混合器与空气进行混合，最后将已混合之气体送进发动机气缸内，经火花塞点火燃烧。

　　这种绿色环保汽车的优点：一是大大降低了对环境的污染，如一氧化碳、氧化氮比汽油汽车下降90％以上；二是比使用汽油的汽车可节省30％～40％的燃料费，而且发动机气缸几乎不产生积碳现象，可延长发动机的使用寿命。

储存太阳能的池塘

小小的池塘就可用来储存太阳能，并能用来发电。你若不信，请先看下面的小故事。

19世纪末，在罗马尼亚特兰西瓦亚地区，一名医生发现一个奇怪的小湖。这个小湖一到冬天，湖面就结成冰，但在湖底深处的温度却高达60℃。

热湖水的秘密

这种热水湖的怪现象引起了许多科学家的好奇心，决心将问题弄个明白。他们取来湖水化验，发现这个湖是咸水湖，而且不同深度的水含盐量不一样，即湖底的水中含盐量较高，密度大，而湖面则含盐量低，接近于淡水。这到底是怎么回事呢？科学家们经过反复研究，终于揭开了湖底水温比湖面水温高的秘密。

原来，咸水湖和淡水湖不同：淡水湖在白天经太阳晒后，夜晚会将积蓄的热散掉，即表面的湖水先冷却，密度就增大而下沉，下面的水温高，相对来说

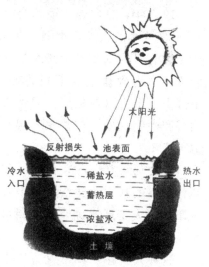

盐水储热原理示意图

密度小，热水就上浮，并把热量散掉，这样循环的结果，湖水上下温度就逐渐一样了；而咸水湖就不同，表面的水即使温度下降也不下沉，因为下层湖水的含盐量高，密度大，不会向上浮，这样，湖底的热量就带不到湖面向空气中散失。因此，咸水湖被太阳晒久了，湖底的温度会越积越高，就将太阳能储存起来了。

20 世纪 60 年代，以色列在死海岸边建立了一个 625 平方米的人工小湖，湖水中的盐分模仿天然盐水湖中的成分。在阳光照射下，这个小湖的 80 厘米深处的水温达到了 90℃。

1987 年，日本建成面积为 1 500 平方米的人工热水湖，水深 3 米，最上层的 0.2 米为淡水层，中间 1.3 米为含盐浓度不同的梯层，下部 1.5 米为蓄热热层。阳光透过表层和中间层使下层盐水升温，水温可达 80℃。

意大利阿吉普公司于 1990 年在玛格丽塔的盐田中建造了一个收集太阳能的人工咸水湖，底层湖水温度高达 90℃。

这种人工热水湖不仅可用来供应热水，而且还可用来发电呢！20 世纪 70 年代初，以色列科学家在特阿

日本建造的人工热水湖

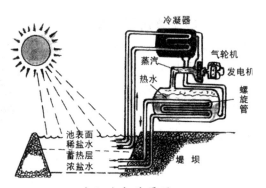

太阳池电站原理

比卜市郊区建成了世界上第一座太阳池电站。这座电站的水池面积为1 250平方米，最大发电能力达6千瓦。70年代末，以色列又在死海岸边建成一个面积为7 000平方米的太阳池，池底水温达80℃。用池水发电，输出功率为35千瓦，最高可达150千瓦。

太阳池电站的热能来自水池蓄热层里的热水。当热水达到一定温度时，用水泵从蓄热层上部将热水抽至池外，然后将热水送进蒸发器的螺旋管里，利用热水的热能将环绕蒸发器的低沸点液体加热变为气体。利用这种气体驱动气轮机转动，从而带动发电机发电。

你不妨自己动手来试一试。找一个面积较小但深为0.8米的池塘，或者用一个面积0.5米见方、深约0.8米的容器，并在靠近容器底部位置上装一个龙头。接着，按池水量的8％左右向水中加入食盐（即100千克的水加入8千克盐），搅匀后放在阳光下曝晒，并测出水的温度。然后，每两小时测一下上层水和下层水的温度，并记录下来，从中可以看出水温变化情况，并知道在何时底层水温最高。

学做太阳能热水器

　　盛夏，烈日晒得到处都像火炉似的发烫，人们在工作和劳动中往往大汗淋漓，口干舌燥……这时，如能痛快地洗上个热水澡，那该是多么惬意的事啊！

　　现在，各种各样的太阳能热水器的出现，就能方便地满足人们这种生活需要。你也可以就地取材，利用所学过的一些知识，自己动手制作简易的太阳能热水器。

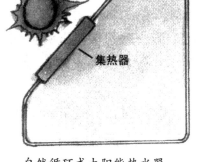

自然循环式太阳能热水器

　　有趣的热箱原理　　如果将表面粗糙的黑煤球放在太阳光下曝晒，由于它能吸收照射到它上面的大部分光能，并转变成热能，所以煤球的温度上升很快。但当它的温度上升到 60℃ 或 70℃ 时，便不再上升了。这是因为在同一时间内煤球吸收阳光变成的热能正好与反射的和空气带走的热量相等。

　　假若将煤球放在一个四壁和底部都用泡沫塑料等隔热材料密封好的箱子里，并将箱子里面涂成黑色，然后在顶部用透明玻璃盖严。这时，煤球的温度还可继

平板式太阳能热水器

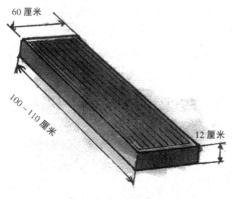

自制热水器的集热器

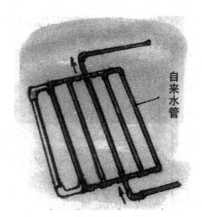

自制集热器中的水管

续升高。在夏天正午的阳光下，煤球和箱子里的温度都可能超过 100℃。

原来盖在箱子上面的玻璃也是隔热的，这样箱子就变成了一个六面都不透热的大蒸笼。射进箱子里的阳光变成了热能，而损失的热能又很少，结果箱内的热能越积越多，温度自然就升得高了。人们把这种集热的方法叫做热箱原理或温室效应。

太阳能热水器主要有闷晒式、平板式和热管式三类，它们大都是利用热箱原理来集聚阳光而将水加热的。

闷晒式热水器　它的结构简单，多为箱形或圆筒形。通常采用木材、塑料和金属制成。这种热水器把集热器与储水箱连成一体，其原理与自然循环式太阳能热水器相同，即利用热箱式的集热器将水晒热，然后输送到

用空油桶制作储水器

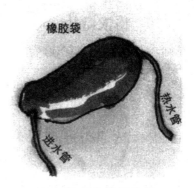

橡胶袋式集热器

储水箱储存起来。它在夏天时水温可达 40℃ 以上，可供家庭洗浴，我国农村采用较多。

平板式热水器　它也由集热器和储水箱组成，利用箱式集热器的温室效应将水加热。这种热水器的水温较高，城市中使用较多。

热管式热水器　主要特点是利用热管将水加热，其水温最高可达 200℃ 左右，可供工业生产、农副产品加工等使用。

现在我们就来制作较简单的闷晒式太阳能热水器。先利用木板制作集热器，其大致尺寸为：长 100～110 厘米，宽 60 厘米，深 12 厘米。箱内先用泡沫塑料板将四壁和底部贴装一层，然后用沥青涂黑，并配一个透明的玻璃箱盖。接着，在箱内沿宽度方向装 6～8 根自来水管，并在集热器上下两端引出水管，与储水箱相接通。储水箱可用小汽油桶代替，其外面涂黑，架在集热器的上方，同时从集热器引出两根橡皮管子通入室内，一根管子引出热水，另一根管子注入冷水。这种热水器的集热器中的水被太阳晒热变轻后，就沿着管子上升到储水箱。由于虹吸作用，贮水箱中的冷水就沿着另一条管子进入集热器的底部。如此往复循环，就会使储水箱内的水升高到所需要的温度。这样，就可以洗热水澡了。

还有更简单的办法，就是将空油桶涂黑，或者用黑色的橡胶袋直接作为集热器，将它们架在屋顶上，从桶或袋上引出两根软管通人屋内，就可方便地使用热水了。

电磁灶与微波炉

电磁灶是 1972 年由美国人首先研制成的一种新型炊具。它不用燃料，又无污染，使用非常方便。通常，电磁灶由灶锅和台板等组成。

电磁灶具有以下优点：

清洁卫生　它没有明火，不会因燃烧而污染空气。

热效率高　一般电热炊具热效率为 50% 至 70%，而电磁灶热效率可高达 80%。

电磁灶

省时节电　由于它是直接使锅底发热的，热量大部分能利用上，因而节电省时间。

安全可靠　使用时不用点火，也无明火，灶台本身也不发热，没有事故危险。

控温准确　它能方便地控制发热功率、烹饪温度和烹饪时间，而且锅温分布均匀。

目前，市场上的电磁灶按感应电流分为低频电磁灶（电流工作频率 50～60 赫兹）和高频电磁灶（电流工作频率 15 千赫

用电磁灶烹饪食物

兹以上）两种。低频电磁灶为降低噪音和提高加热效率，必须采用特殊的

锅体；而高频电磁灶需加高频电力转换装置，对锅的要求不严格。两种各有特点，可根据实际需要情况选用。电磁灶的规格依耗电量大小分为：700 瓦、800 瓦、900 瓦、1 000 瓦、1 200 瓦、1 350 瓦、1 500 瓦等。

微波炉作为一种现代化的高档厨具，正在走向千家万户。它是利用微波加热的。微波炉的磁控管产生的微波通过像管子一样的波导送到炉腔，用来加热食物。微波是直接钻到食

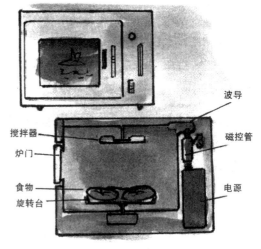

微波炉的结构

物里面加热的。当食品在微波炉中加热时，微波炉中的微波电场变化速度达 24.5 亿次/秒。这样，食品的分子便随着旋转、摆动，达 24.5 亿次/秒。分子在这样高速旋转、摆动时互相摩擦所产生的热量是非常高的，从而使食品加热。

由于微波加热食物是使食物内外同时受热，因而能在很短的时间内使食物加热熟透。其次，微波炉能省电、省时间，比用普通电炉省电 1/3 到 1/2。此外，使用微波炉烹饪不破坏食物的维生素，保持色、味、香俱全，而且营养丰富。

初次使用微波炉前必须详细阅读使用说明书，但一般操作程序大致相同，即先把食物放在玻璃或陶瓷容器内（而不能用金属容器），然后一起送入炉腔内；接着，关闭好炉门，选择好时间，旋转定时器，如果要解冻食物，把旋钮对准解冻旋钮上；达到预定时间后，自动控制器使炉子自动停止工作，并发出响声信号，此时可打开炉门取出食物食用。

使用微波炉时应注意以下几方面：

①不要将微波炉放在靠近磁性材料的地方，那样会干扰炉内电磁的均匀分布，降低其工作效率；

②炉内未放入食品时，不能开启微波炉，因为那样会损坏磁控管；

③不能用金属器皿盛食物进行烹调，因为金属反射微波，使炉中的食物不能吸收到微波，得不到加热，而且由于金属器皿在炉腔中形成"高频短路"，会损坏磁控管。

④在使用中如发现搅拌器不转动、听不到鼓风声等异常现象，应立即停机，待故障排除后再进行烹饪，以免造成更大的损坏。

节能大厦

形形色色的节能法

节约能源是解决能源供应紧张的有效途径，因而人们把节能看成是与石油、煤炭、核能和水电并列的第五大能源。

节能的方式很多，除了应用于工农业生产、国防建设等方面外，在日常生活中也有不少可以借鉴的例子，有的还可以动手去实践。

节能大厦 美国一家电力公司建成了一座造型奇特的节能大厦。一般楼房是下大上小，而它却是上大下小。从外形来看，它像一个倒立的楼梯。它从楼顶依次向下收缩，最高层比最低层向外伸出7米多。这样，夏季的阳光入射角高，突出部分像伞一样起到遮阳的作用，减少了室内的吸热量，从而也降低了室内空调的耗能量；冬季，太阳光的入射角低，阳光能充分照进室内，减少了室内暖气的耗能量。

在这座大厦的屋顶上，装置了1 500个太阳能电池，并用光电感知器控制，使它能自动追踪太阳发电，以

过节能生活

供应大厦的照明和电梯用电。在大厦的地下室还建造了一座能容1 363吨的蓄水池。夜间，池水可自动进行冷却；白天，利用这些冷却水可减少室内空调设备的耗能量。

在照明取暖上打主意

过节能生活　美国作家兰克·博尔尼自愿过一种全新型的"节能生活"。她给寓所加装了保温板，在房顶上开了天窗以减少开灯，将电炊具换成燃气炊具，仅这三项便节省电能70％。短途旅行，她以自行车代替汽车，可节省一半汽油。另外，她家还安装了太阳能热水器，并换上了耗电量较小的冰箱、空调器……这种新风尚生活使她一家人身心更贴近大自然，而且有一种"新生活已开始"的神奇感觉。

在照明、取暖上打主意北京的星级饭店已达100多座。饭店多，用电也多，但饭店很重视节约用电。例如，港澳中心将饭店大楼的2至3层原来的4 000余盏60至100瓦的白炽灯，全改成13至18瓦的节能灯，不仅照度好，而且光线柔和，仅此一项就节约电力128千瓦。

美国国会于20世纪90年代初通过了一项法案，规定在3年内以日光灯取代所有的白炽灯。"华盛顿节能协会"提出使用高效汽油、加设保温窗和给工业管道增加保温设备等节能措施。如果这些办法被采用，美国全年就可节约6％的能源（约折合200亿美元）。

节能玻璃

窗户上的节能

窗户上的节能　英国于1990年制成一种节能玻璃。这种玻璃上有一层无色防刮擦的低辐射率涂层，使射进窗户的阳光热量损失减少70％，其保温性能比双层普通玻璃还强。如果英国所有家庭的普通单层玻璃窗户全部采用这种玻璃，每年就可节省价值10亿英磅的能源。

　　节能在其他方面也是大有可为的，如工业生产中的余热利用、家庭生活炉灶的改革、汽车节油和采用天然气代替汽油做燃料等，只要注意和采取措施，就能获得有效的节能效果。

未　来　篇

　　历史的巨轮即将迈进 21 世纪的门槛。在这世纪相交之际，人们更深刻地感受到能源不仅为人类带来了文明与繁荣，而且已成为制约国民经济发展的重要因素。

　　面对能源消耗量不断迅速增长的情况，世界各国除了充分利用现有的传统能源外，都在大力开发利用新能源，以适应未来新世纪经济发展的需要。

　　广泛开发新能源，实现能源多样化，既要探寻新的常规能源如石油、煤炭、天然气等，更要放眼未来，积极开发利用各种有潜力的新能源。目前，科学家们把注意力放在最有发展前途，而且资源非常丰富的氢能、可控核聚变能、太阳能和海洋能的开发利用上，以及研究开发人造能源和月宫中的宝贵能源——氦 - 3。

　　氢气汽车将是 21 世纪汽车王国里的佼佼者；未来的人们终将在茫茫太空建造巨型太阳能发电站，并将电能转换成微波束发回到地面……展现出一幅未来能源利用的壮丽美景。

未来的微波飞机

微波是一种波长从 1 毫米到 1 米之间的电磁波。

它的方向性很强，频率高达 300 兆赫到 300 千兆赫，因而是雷达、卫星通信和导航等方面常用的一种信号源。

微波的能量非常集中，可以聚集成一个很窄的波束，向外定向发射。这样就为远距离使用电磁波能量提供了可能。

带大圆盘的飞机 加拿大科学家于 1978 年就设计了一种不同燃料的微波飞机，开始了电磁波能量远距离利用的试验研究。这种微波飞机是一种高空无人驾驶飞机。飞机的翼展长 4.57 米，双翼

带大圆盘的飞机

呈 V 字形往上翘。在机体后面装了一个大圆盘。在大圆盘和机翼上，装着一层薄薄的半导体二极管，类似太阳能飞机上的光电管。它可以把接收的由地面发射来的微波能转变为直流电，再由直流电驱动电动机，并带动螺旋桨旋转。

这种微波飞机在飞离地面时，先利用装在飞机上的小型电池使螺旋桨转动，当飞行到一定高度时，接收地面发射的微波能继续飞行。飞机的飞行高度为 20 千米，可在一定的区域内巡航，持续飞行数月或数年。这种飞机既不用携带燃料，更不需为加油和油料用完操心。它的体积小，重量轻，使用方便，不需要人驾驶操作。

不带燃料的飞机 美国在 20 世纪 80 年代也设计了一种微波飞机，其翼展为 46 米，总重量为 270 千克，上面装有 29.4 千瓦（40 马力）的电动机来带动螺旋桨。为这架飞机提供微波束的地面天线阵列分布面积达 91 米 ×91 米，足以使飞机在 21 000 米的高空作 8 字形航线飞行 80 天。这架飞机主要是为环境监控用的，上面装有 68 千克重的遥感设备，可拍摄地面交通和农作物、森林情况，以及采集大气中的二氧化碳浓度等。

微 波 飞 机

无线电通信中继站

微波喷气式飞机　美国设计的"阿波罗"号轻型飞机，是一种用微波作为动力的喷气式飞机。这种微波飞机与螺旋桨式微波飞机不同，是直接将接收到的微波用来加热喷气发动机的压缩空气，然后从尾喷管中喷出去，利用其反作用力推动飞机前进。

这种微波飞机可在距地面 15 至 50 千米高的平流层飞行，比一般飞机飞得高，而且可沿固定的路线巡航，因而是无线电通信理想的中继站。它还可以起到高性能天线的作用。利用它进行通信比在地面上建造发射塔效率高得多，因而发射机输出的能量就可以很小。

如果在微波飞机上搭载有小型的监视装置，就可以从 20 千米高的上空监视地面上半径为 500 千米的地区情况，如森林火灾、农作物生长情况、高速公路运营情况等。

未来太空太阳能电站设想

未来的太空太阳能电站

在太阳能利用中，发展前景最为诱人的要算在宇宙空间建立太阳能电站的宏伟计划了。

在大气层以上接收太阳能要比在地球上接收的太阳能多 4 倍以上，而且不受黑夜和阴雨天没有阳光的影响，可以连续不断地发电。在这种情况下，人们就萌发了一个大胆的设想，要把太阳能发电站搬到宇宙空间去，建造太空太阳能电站。

格拉泽的大胆设想　早在 1968 年，美国一家公司的太空业务副总经理彼得·格拉泽就提出在太空建造太阳能发电站计划。这种发电站是利用太阳能电池板直接把光能转变成电能的，它可以昼夜连续发电。

要实现这一计划，就要用发射同步卫星的办法把太阳能发电装置送到距地球 36 000 千米的轨道上，发电装置就可以在外层空间进行"全天候"

发电。然后，用微波把电力发回到地面。地面接收站通过巨型天线，将接收的微波转换成电能。

格拉泽提出的这一宏伟计划的确很吸引人。但由于这种电站的重量达5万吨，其中仅太阳能电池板的面积就达50多平方千米，而向地球发送电力的微波发射天线的直径就有1 000米，按美国航天飞机一次最多运送30吨货物计算，要发射一千多次才能把电站的设备全部送上天。然而在当时，美国的航天飞机还没有正式投入使用，因此这项计划那时还难于实现。

跨世纪的太空太阳能电站　进入20世纪90年代后，随着航天飞机的投入使用，格拉泽的计划又重新燃起了科学家们建立太空电站的热情。来自世界各国的几十名太阳能专家聚集法国巴黎，专门研讨了建立太空太阳能电站的计划。不久，美国航空航天局和能源部宣布，将在2000年左右建造一座试验性的太空电站，然后在纽约北部建立一个有几个足球场大的地面微波接收站，接收从太空发电站用微波发回的太阳能，再通过能量转换器变成约50亿瓦的电能，输入纽约州的电网。这50亿瓦的电力，相当于5座大型核电站的发电量。

据美国科学家预计，到2025年，美国有可能在太空建造几十座大型的太阳能发电站，届时可满足美国30%的电力需要。

随着航天飞机运载能力的不断提高和制作太阳能电池的光电材料转化率的改进，在21世纪初建成太空太阳能电力站是大有希望的。

跨世纪的太空太阳能电站

乘太阳帆船遨游太空

目前，人类已经将航天飞机、行星探测器等各种航天器送上宇宙空间。在不久的将来，一种新型的航天器——太阳帆船将飞上太空，成为人们遨游太空的得力工具。

实际上，太阳帆船是一种依靠太阳光压作为动力的星际探测器。早在1616年，天文学家开普勒就指出，任何受到太阳照射的物体，都会受到来自太阳光的一种压力，这种压力就叫做光压。光压的力量极其微小，在地球上是不易感受到的。这是因为在1平方千米的面积上光压总共仅1000克重，如果分摊到1个人的身上，这压力简直是微乎其微，完全感觉不出来，可以忽略不计。但在宇宙空间，由于那里没有空气和地球引力的作用，光压的威力就显示出来了。

如果在太空中对着太阳张开一面轻如薄纱似的帆，它用厚度仅为5微米的镀铝凯夫拉纤维制造，由于没有空气阻力，重力也几乎可忽略，因而帆在很小的光压推动下，将会得到很大的加速度。在理想情况下，太阳帆船可达到100米/秒的航行速度，一昼夜可以航行7500千米。由地球到月球的直线距离约38万千米，如果一直有阳光照耀太阳

太阳帆

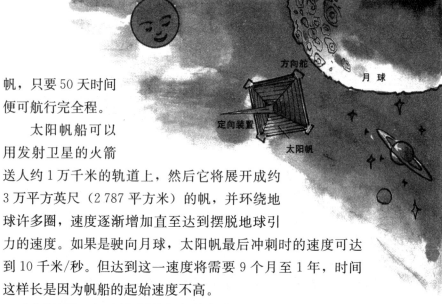

方向舵

月　球

定向装置

太阳帆

帆，只要 50 天时间便可航行完全程。

太阳帆船可以用发射卫星的火箭送人约 1 万千米的轨道上，然后它将展开成约 3 万平方英尺（2 787 平方米）的帆，并环绕地球许多圈，速度逐渐增加直至达到摆脱地球引力的速度。如果是驶向月球，太阳帆最后冲刺时的速度可达到 10 千米/秒。但达到这一速度将需要 9 个月至 1 年，时间这样长是因为帆船的起始速度不高。

太阳帆船可以用与风筝相似的方式，即通过改变形状（从锥体到平板甚至是马鞍形）而加以操纵。与雨伞的脊相似的灵活的金属脊决定着帆船的形状，而且根据地面指令，金属脊还能受热变弯，从而改变帆船的形状。因此，可以通过改变帆船形状而使帆船的某些部位接受更多的光照，从而改变航行的方向。

形状各异的太阳帆

这种帆船是一种十分简便的宇航交通工具，利用它可以飞向月球和其他星际。由于它是用取之不尽的太阳能做能源的，因此有着广阔的发展前景。

太阳帆船还可用来反射太阳光，成为照亮地球的明灯。在21世纪初，科学家们准备在离地面1 500～5 530千米的空间层设置100多个太阳帆，每个帆展开后成为20米的圆盘，将在太空构成一个太阳光反射镜圈，用它可照亮极夜时期的北极区和城市，或者某些发生严重自然灾害的地区，使灾区救援工作能够24小时不停地进行。

月球——人类未来
的能源基地

20 世纪 60 年代末期，美国"阿波罗"飞船成功地登上月球，实现了人们长久以来的夙愿。随着科学的发展，人们又有了新的奋斗目标，这就是开发月球，建造人类未来的能源基地。这是因为月球上既有着得天独厚的太阳能，又有着地球上没有的核聚变燃料——氦－3，是一个理想的能源宝地。

建造月宫太阳能电站 在月球上建造太阳能电站，可以在月球上就地取材建造，节省大量的人力、物力。

月球本身所处的位置，使它成为建造太阳能电站最理想的地方。这是因为如果将电站建在月球的南极或北极上，那么太阳光就能时刻照射在发电站的太阳能收集器上，保证电站持续不断地工作，一天 24 小时都能发电。

月球

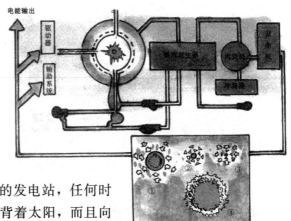

激光核聚变堆发电过程

　　建在月球南极或北极的发电站，任何时候都是一半向阳，另一半背着太阳，而且向阳的一面温度达 232℃，而背阳的一面温度却低到零下 232℃，两者温度竟相差 464℃，形成了最理想的温差发电环境：一面是天然的热源，另一面是天然的冷源。这样，当向着阳光一面的发电站设备中的工作液体受热时，就会沸腾起来，变成高速气体冲向气轮机的叶片，使气轮机高速旋转，并带动发电机发出电来；而流过气轮机的气体，在天然冷源的低温下凝结成液体，再送到发电设备中去循环使用，从而使太阳能电站昼夜不停地发出电来。

　　月球既能自转，又绕地球旋转，两个转动是同步的。月球自转一圈，同时也绕着地球转过一周。因此，月球能始终以它的一面对着地球。这样，就便于将传送电能的微波器安置在月球向地球的一面，使它能正好直接向地面接收站发射微波束，把电力送到地球上来。地面接收站将接收到的微波束变成电能，输入电网，供人们使用。

　　用月球核聚变燃料发电　如果能开采到月球上的氦－3（氦的同位素，在地球上不存在）矿藏，就可以建造出简单、廉价而又洁净的核聚变装置，用它可为航天器提供能源。

　　月球上的钛矿中蕴藏着丰富的氦－3。在月球表面上发现的钛金属就像海绵一样，吸收由太阳风（由太阳光压形成的）刮来的氦－3离子。

　　目前，人们正在探索月球上氦－3的开采方法，如果开采成功，将为人类使用月球独有的核燃料开辟新的途径。

后　记

　　能源是人类赖以生存和繁衍中不可缺少的物质资源。千百年来，人类在开发利用能源的过程中，不仅创造出巨大的物质财富，推动着社会不断进步，同时也改变着人类自身的生存环境。自从人类有效地将煤、石油等矿物性能源转换成蒸汽、电力、煤气和各种石油制品等二次能源以后，人类社会文明的进程便出现了质的飞跃，而且也使能源的开发利用获得了极大的发展。现代化的能源技术带来了钢铁、机械制造、化工等现代工业的发展，从而也出现了火车、汽车、飞机、轮船等现代化交通工具，并打破地球引力的束缚，使人类登上了月球，遨游太空。

　　在人类社会的物质文明和精神文明日益发展的今天，能源已成为现代社会须臾不可离开的重要组成部分，而且人均能源消费量也成为社会发展程度的重要标志之一。

　　目前，世界各国消费的能源主要还是煤炭、石油、天然气和核燃料等矿物类燃料，其中石油约占 40%，天然气约占 23%，煤炭约占 28%，水电约占 2.5%，核能等约占 65%。这些宝贵的资源，是自然界在几十亿年中积累形成而赋予人类的自然财富，却将被人类在短暂的二三百年中消耗殆尽，而且石油、煤炭等矿物燃料还对环境造成了严重污染。

　　面对能源供应日益紧迫的情况，世界各国除充分利用现有的传统能源外，都在大力研究开发新能源，我国当然也不例外。

　　最近，我国有关部门已经制定出一个令人振奋的宏伟的"中国光明工程"计划，它描绘出了我国政府对开发利用新能源和可再生能源的美好蓝图。这项"光明工程"将为我国缺少能源和无电力地区带来光明。它的预计目标是：到 2010 年将为 2 300 万无电人口供上电，使其达到人均拥有发电量 50～100 瓦的水平；将解决无电力地区的边防哨所、微波通信站、输油管线维护站、铁路信号站等的供电问题；同时，将促进我国风力发电设备、太阳能电池等新能源产品的开发，使其工业产值每年达到 24 亿～30 亿元。这样开发新能源，仅输电线路的投资就可节约 2 000 亿元，而与柴油机发电相比，可节省运行费 140 亿元。

此外，为了解决无电和缺电问题，我国有关部门正在大力推行"乘风计划"，其内容主要是发展大型风力发电机，建设风电场。同时，有关领导部门也将新能源的发展列为企业技术改造计划中的重点，并在"九五"计划中投入 10 亿多元用于支持太阳能、风能和生物质能的大型产业化项目。这真是"新能源将送来光明，大工程更鼓舞人心"。

能源在我国四个现代化的建设事业中有着举足轻重的作用，它不仅是进行现代化建设和提高人民生活的物质基础，而且已成为制约国民经济发展的重要因素。因此，在大力开发利用能源的同时，还要广泛地普及能源知识，特别是向广大青少年宣传和介绍这方面的内容，使他们从小开始就树立有关能源的基本概念，认识它的重要地位，以便将来为新能源的开发利用贡献出自己的聪明才智。

本书以图文并茂的形式介绍了各种能源，尤其是新能源开发利用方面的知识，其侧重点在于能源技术知识的介绍，如关于各种能源的性能、特点、开发利用技术、使用中存在的优点和缺点，以及未来发展的趋向等，使读者对能源的全貌有一个较全面的了解。

本书在编写过程中得到不少同志的热情帮助和支持，尤其是中国科协声像中心的白卫平先生提供了有关照片，在此一并表示诚挚的谢意。

崔金泰